FIRST IMPRESSION
COMMUNITY LANDSCAPE,
LOBBY AND CLUBHOUSE DESIGN

第一印象

社区景观 入户大堂 公共空间

上

⊛ 欧朋文化 策划　　黄滢 马勇 主编

华中科技大学出版社
http://www.hustp.com
中国·武汉

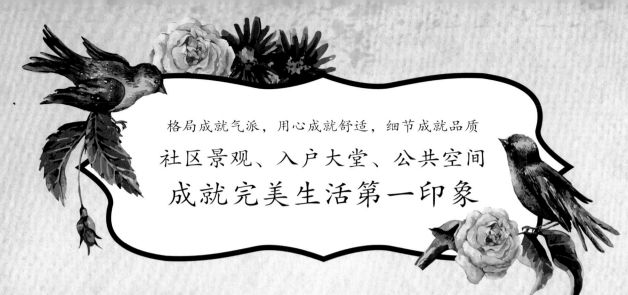

社区景观、入户大堂、公共空间
成就完美生活第一印象

在与陌生人交往的过程中，所得到的有关对方的全部信息集合成的最初印象就是第一印象。良好的第一印象能让成功率提升30%，并对未来的合作交往产生持续的影响。第一印象如此重要，自然受到越来越广泛的重视。

对于公司来说，见面之初，所处的环境形成的第一印象将直接影响到访者对其实力、能力的评判。

对于住宅来说，社区环境或者楼体大堂形成的第一印象将直接影响到访者对其品位、能力、交往圈层的评判。自古就有"千金买屋，万金买邻"的说法，这个"邻"指的不仅仅是邻居，还指聚合在同一个环境里，住户的集体选择与营造的氛围。

中国楼盘社区的建设经过二十几年的高速发展，无论是社区建筑、景观、配套、装饰，还是科技、用材都有了长足的进步。当人们解决了基本的居住需求后，开始向往更高品质的生活，因而二次置业、三次置业者成为楼市越来越重要的主力。高品质的住宅在每个人的心目中的标准是不一样的，如果借鉴豪宅的标准来衡量，一般要求满足以下标准：

1. 300平方米以上，4房以上；

2. 总价600万以上；

3. 市区精华地段或市郊特殊规划区；

4. 24小时保全管理；

5. 国际知名建筑设计师或建筑商；

6. 精致公共设施（花园、泳池、健身房，每户2个以上车位）；

7. 价格与区域内房产价格相比较抗跌。

可见一个高品质的社区，软硬件条件都很重要。本书介绍的重点在于第6条。楼盘或者社区除了要满足业主的居住需求、具有投资价值以外，还应满足住户的健康、社交、休闲、娱乐等方面的需求。

从人的角度来说，第一印象考量的核心是被评估者的形象、气质、行为、智慧，从办公和居住的角度来说，第一印象形成的重点在于社区环境、入户大堂与公共空间综合而成的总体场域。这个场域不仅仅用于对外展示和装点门面，它同时还是一个接待、交流、洽谈、休闲的场所，相当于一个公共会客厅，能让主人在主场充分展示谈吐、智慧、修养、能力。相信每一个主人都希望自己拥有这样一个与成功相匹配，能为自己魅力加分的第一会客厅。

近些年地产的高速发展，也诞生了一批相当有影响力的豪宅品牌。他们在建筑、景观和装修材料以及物业管理等方面都有了很大的进步，甚至超越同侪，但在社区入户大堂和会所设置方面仍然有很大的提升空间。很多高端社区或者单栋豪宅，外观高档、大门气派、景观丰富，而每栋楼的入户大堂却显得单薄、沉闷，往往沦为进出通道和电梯厅，空间的价值并没有真正开发出来。首层入户大堂其实就是这栋楼所有住户的公共大厅。每个家庭对自家的大厅装饰都非常重视，说是重金打造也不为过，因为这是全家活动、交流、休闲、接待朋友的重要场所。社区入户大堂其实也有这样的功能，它是该栋住户出入必经之道，也应该成为该栋住户彼此熟悉、交往或者接待外来亲友的第一站，还应该有物业管理人员提供服务的接待台。入户大堂的配置、装饰、服务还不是太完善。入户大堂的设计，我们需要向香港、台湾的知名豪宅好好学习，他们真正把大堂高、大、上的形象树立起来，并且能将接待、交流、服务、安保、商务等功能综合在一起，给住户提供极大的便利。入户大堂的设计，可以看作是星级酒店大堂的精缩版，实现服务、功能、品位三大要求于一体，才是合格的设计。

在台湾除了入户大堂特别能彰显楼盘的品位和格调外，公设设计也非常精彩。台湾的公设，一般指具有顶盖的公共设施，社区住户可共同使用。在台湾，业主购房都非常关心公设比。他们公设计比的计算方式如下：

共有部分÷（主建物面积+附属建物面积+共有部分）

大公设一般指：大厅、楼梯间、机电室、防空避难室、机车车位、有顶盖的室内公共设施、水塔、管理员室

小公设一般指：当层的走道，当层住户共同持有的区域

台湾电楼华宅的公设比普遍比较高，多数达到30%~35%。高的还有达到52%，这是什么概念，相当于买100坪（1坪约为3.3平

方米）的房子，公摊面积去掉了52坪，还剩48坪的可用面积，高公设比已经引起了很多民众的不满。可是台湾的公设比这么高，开发商却为什么还要占用那么多面积建公设呢，这里除了基地原因、建筑成本、销售策略等因素外，还有一个很重要的原因，就是一个楼盘如果没有像样的公设，简直不敢自称是豪宅。公设除了以上的公共设施空间外，还有一个很重要的部分是健身、休闲、娱乐、餐饮设施，也就是我们常说的会所。我们很多社区虽然都有会所，往往是作为销售噱头使用，看上去种类不少，实际落成时，装修比较简单，很多设备显得简陋，很多社区交楼之后，会所经营不好，往往成为楼盘社区的鸡肋，食之无味，弃之可惜。而台湾这么多年重金打造社区公设，积累下丰富的经验，很是值得我们学习。

1. 项目种类丰富。台湾公设中常见的项目约有三十几项，并随着社区的进步不断丰富。比如以前流行泳池、三温暖，现在又加入 Spa、减压休闲等功能，此外私家影院、音响厅等配置也在走入社区。

2. 文化气质出众。台湾豪宅不怕跟人比豪气，就怕被说没文化，所以各个豪宅定位的楼盘都非常注重设计品位，以及艺术品的陈列。没有艺术品的豪宅会被人当成暴发户，所以很多社区除有常设的雕塑、绘画、艺术装置等艺术品外，还会在小区多个公共地方做艺术品陈列，有的社区与各家艺术画廊或创作团体合作，不定期更换艺术展品，让住户真正实现与艺术为邻。很多顶尖豪宅以收藏艺术品，或提供高端配置的设施为荣。比如联聚信义大厦位居台中七期重划区，以兴建"流传百年的好房子"为理念，他们在顶楼规划有 SKY LOUNG，以及台中最高的运动健身房，可 360 度环视台中景观。一楼后院还有一座20 米国际标准游泳池，竟然可以自池底透视地下一层的室内篮球场，

三楼有可容纳 100 人以上的宴会厅及厨艺室，这在豪宅中是极罕见的。另外在他们的阅览室里，除珍贵的典藏书籍外，还有清康熙御赐王云锦状元郎的匾额"硕德扶朝"，增添图书馆艺术价值。

3. 配套设施精良。台湾每项豪宅的公设未必项目繁多，但都会针对客户群体的特征，提供一些高端精品设施满足客户对高品质生活的要求。比如有的社区设音乐欣赏室，配备的是来自瑞士的顶级音响 FM ACOUSTICS，全套设备耗资几百万，就算是千万级富豪要在家里装上一套也要好好掂量掂量，而作为社区配置则很多住户都有机会租赁场地收听。至于钢琴中的顶级品牌，如斯坦威 Steinway & Sons（德国 — 美国）、蓓森朵夫 Bosendorfer（奥地利）、佩卓夫 Petrof（奥地利 — 捷克）、斯坦伯格 Sterinborgh（德国），在不少豪宅区的公设中都能见到它们的身影。

4. 体贴生活需求。台湾公设除了一些拿来做宣传的高大上设施外，更多的还是体贴客户需求的公设。比如说带厨房的宴会厅，方便住户宴请亲友。还有茶室，是茶艺爱好者聚会的好地方。另外还有联谊区、舞蹈区、烧烤区、KTV、迷你蔬果种植园等，让公设真正服务于住户，成为品质生活的实现地。

我们社区会所设计这些年也有了很大的进步，还有楼盘有意识地引进了台湾顶级设计师进行设计，比如著名设计师张清平、邱德光等，他们为我们演绎了何为高端社区的品质生活。

《第一印象》从设计的角度，直观展现社区环境与建筑的融合程度，入户大堂室内外环境的联结与表现，以及公共空间为使用者提供的设施与体验。让我们共同推动社区品质生活与人文格调的提升。

CONTENTS
目 录

人文雅境

	台湾乡林美术馆公设	008
	台湾双城汇景观与公设	022
	台湾惠宇青田社区景观与公设	038
	台湾晴耕雨读公设	052
	台湾惠宇仰德景观与公设	066
	台湾乡林大境景观与公设	078
	台湾怡然居景观与公设	088
	台湾乡林皇居景观与公设	096
	台湾太子馥大堂及公设	110
	台湾居雍天厦景观与公设	120
	台湾惠宇宽心景观与公设	126
	富宇水怡园公设	138
	三亚亚龙湾天普会所	148
	上海万科五珹坊售楼中心与公共空间	154
	台湾夏朵公设	160

	台湾艺文大观入户大堂及公设	182
	台湾乡林淳青景观与公设	196
	台湾冠德中研景观与公设	212
	珠江壹城国际会所	220
	台湾总太建设·国美公共设施	226
	台湾桃园佳瑞建设·上城入户大堂及公设	234
	台湾中港一方公设	250
	中企绿色总部中企会馆	258
	台湾富宇优森学景观与公设	268
	台湾大毅建设家风景社区公设	284
	台湾太普建设·君临公设	294
	台湾永信本然住宅大楼公设	300
	台湾新业建设·A PLUS景观与公设	306
	台湾新业睿智公共空间	312
	台湾竹城金泽入户大堂及公设	318

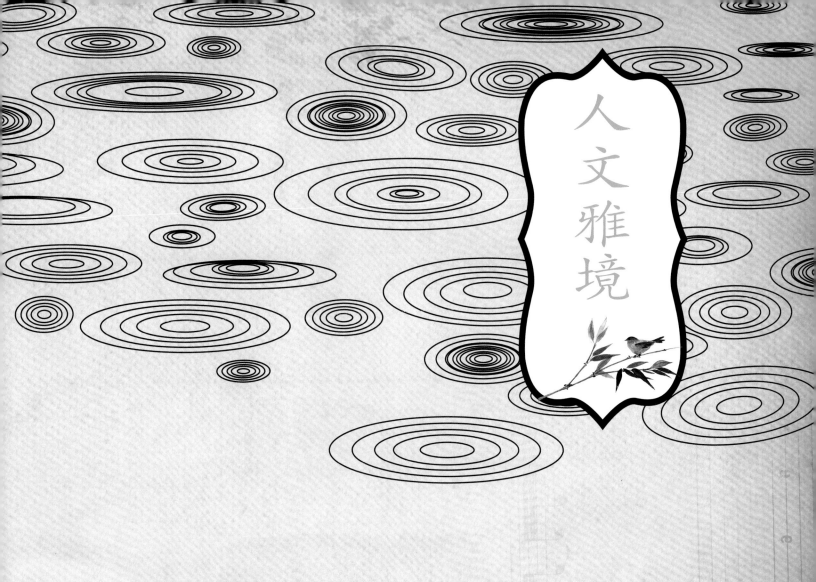

人文雅境

台湾乡林美术馆公设

设计公司：郑唐皇计划设计室
设计师：郑唐皇、陈健国、林家美
主要材料：花岗岩、大理石、
栓木实木家具、不锈钢镀钛、
茶镜、木皮KD板
地点：台中市北区馆前路28号
面积：1 023平方米

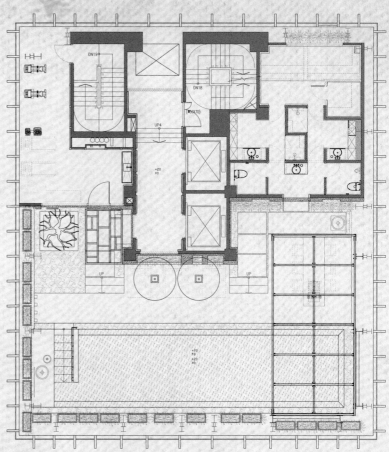

台湾乡林美术馆公设

　　基地位于市区中心，于绿园道旁，邻近台中市科博馆与植物园，走过一小段清幽的绿带即是热闹的勤美诚品，此区域富含人文的涵养气息，是台中人活动与交通的枢纽地段，为闹中取静的一块净土。

　　在整合设计的精神方面，以代代相传的士绅精神与返璞归真的本土情怀为出发点，创造一个闲适的、充满艺术价值的公设活动空间，并利用建材本身的张力创造出充满文学气息的空间。

　　主要公设楼层为一楼接待大厅、二楼棋艺室、六楼宴会品茗区、顶楼的观星泳池。

　　一层的景观设计以水镜环绕建筑物，并将水镜的高度拉至与室内高度相同，有助于使都市人与水更加靠近。左右邻路为桂竹树群，竹子恰好的间隙，不仅将其与马路的凌乱感区隔开，而且保留了从帷幕往外看的通透，也整理邻路车辆行人往返的景观。

　　一楼的室内平面配置是以中心的梯扣为设计的出发点，动线呈现"回"字形；以书柜绕着梯扣四周的设计，并将服务柜台融合至书柜内，将大厅完全放空，形成开阔的前厅，书柜运用两色的设计手法，让浅色的大框架描绘出规则的序列性，而内部的小分割则用深色的木纹，让分割呈现整齐有规则的又有力度的设计；放置在大厅中的艺术品以母子的概念呈现，围塑出空间的主题性，而书柜内的艺术品位置，也经过设计摆放，让整个艺术展演的主题达到相互呼应的效果。

　　六楼可以作为宴会暨图书使用的活动空间，以统一的色彩调性，打造出人文的气息深度。整层楼的壁面与地坪使用同一种石材，并且在墙壁的表面处理上，呈现出石材温和的触感，提升整体空间的价值。浅色的家具与书柜，则重新诠释了中式家具的传统印象，创造出新的空间对话。

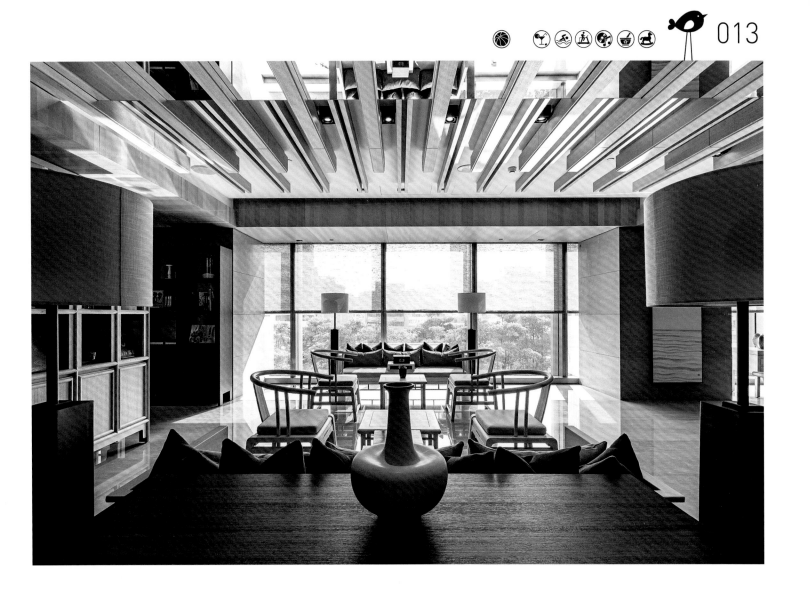

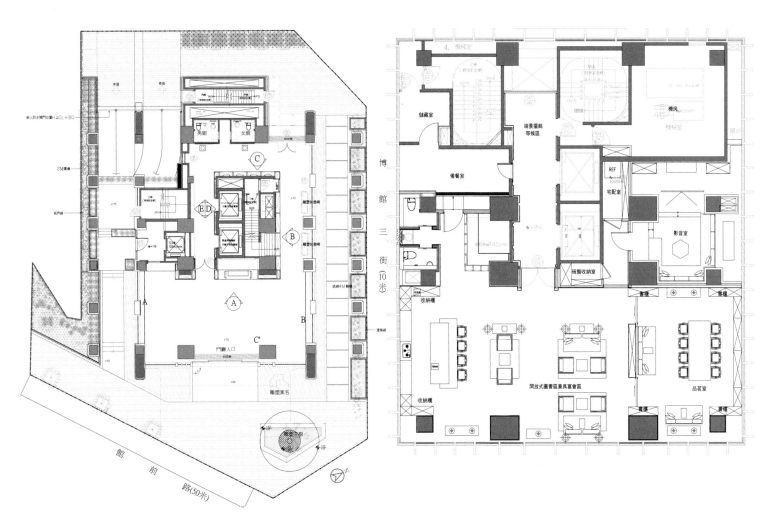

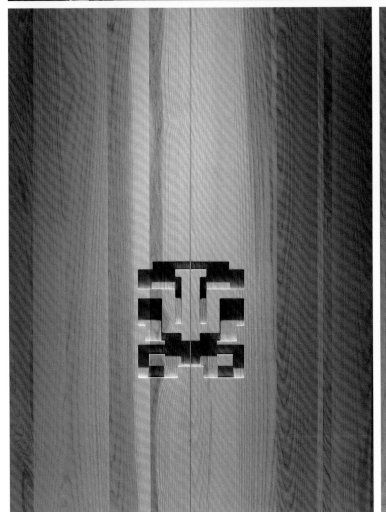

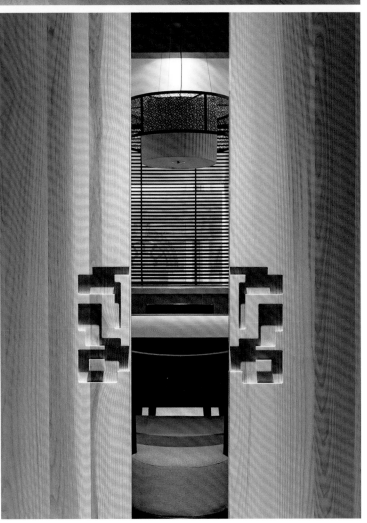

在顶楼的设备有户外游泳池、观云健身房，而 Spa 室则采用预约制，是以休闲运动为串联的区域。无边际泳池的设计，让水面倒映天空云彩与建筑帷幕，与都市天际线相互呼应。健身房的帷幕空间，让使用的人视觉上没有阻挡，可以尽览绿园道的景观，在壁面贴镜子的设计手法，达到了有效延伸空间的效果。

因基地的特性，必须将公设分散规划在不同的楼层，但在各楼层的空间调性上，仍然将设计手法延伸至各个空间，维持空间的整体性，强化空间力度，让使用者在各楼层的空间体验是串联的、一致的，使整栋公设人文涵养的氛围能够被延续。

台湾双城汇
景观与公设

设计及图片提供：庄哲涌设计

撰文：Yves

主要材料：人造石、大理石、
喷砂面木头、茶镜、金属漆

地点：高雄美术馆特区

面积：（庭园）926平方米、（室内）
3 087平方米

在两栋散发着古典韵味的住宅大楼之间，庭院种植大量乔木营造鲜绿自然气息，希望即使生活在都市，也能享受悠哉的慢活情趣。再延续这份在人造环境里创造自然的企图，进入内部六大公设区域，设计师庄哲涌透过材质铺设与设计巧思，让自然意象与都会时尚同时并置，打造出许多人渴慕的"身处时尚，拥有自然"的当代生活景致。

都会里的宁静自然意象

延续高雄美术馆特区的人文气息与丰富的森林意象，设计师庄哲涌在社区的中庭公设区域，以森林为设计概念，在双排建筑栋距之间种植大量乔木，打造出森林般的幽静氛围。尤其中庭还设置了几处不同属性的留白空间，让人能慢下脚步享受眼前的宁静，然后再沿着人行步道前进，视线被引导到端景处一棵主树与一座涌泉，潺潺流水不断流向森林，池面也倒映着由自然原石与加工石材交互使用的森林意象雕塑，让人造环境既享有自然气息，又在自然环境里注入都会时尚语汇。

森林里的六个时尚宝盒

从中庭踏入室内公设区域，设计师庄哲涌打造了六个"森林里的盒子"，各自框着林景或湖景，又借材质巧思陈设现代元素，打造出"身处时尚，拥有自然"的精品饭店空间质感。

接待大厅是"光的盒子"，以大理石、金属线条及镜面营造华丽质感，镜面效果还安排在金属线条的第二层，赋予华丽却低调的感受，然后再让金属线条与人造透光石错置排列，从立面延伸至天花，用面光形式产生被温暖光线包围的气氛。

图书室是"森林里的书盒",充分利用挑高格局与垂直动线,除了安置突显空间张力的大面书墙,也架构出上下层复式互动的空间趣味。

　　宴会厅是"凝聚力的盒子"，着重在立面表情，好衬托中央大型圆桌，如大理石墙面彰显贵气，梁带上方的图腾光墙以及正立面的弧面木皮堆栈，因为呈现繁复图案工艺而显露精致时尚之美，加上天花悬挂三环式巨大吊灯，更凝聚成视觉焦点。

　　瑜伽室是"装着精品的盒子"，借由橱窗概念围塑出一块干净空间，其中更融入花朵意象光晕，随意地分散在立面及天花，加上土耳其蓝大件壁饰，简洁且安静。

交谊厅则是"木桁架的盒子",墙面延伸到天花为大量且有序的木片格栅,均以 45 度倾斜面向中庭,底层还铺设茶镜,当进入之后随着脚步移动,会发现温馨木质视野渐渐转变成明亮茶镜,希望由宁静至喧闹的情绪变化,引出身处时尚却拥有自然的设计涵义。

　　健身房是"跃动的盒子"，延续木头作为空间基调，然后再考虑空间轴向配置，安排了大量错落跳动的线条与木盒子，创造出充满活力与朝气的空间。

台湾惠宇青田
社区景观与公设

建筑商：惠宇营建机构

设计公司：常季设计工程有限公司

设计师：张立人

参与设计：许淇淇

摄影师：简仁一、刘俊杰

主要材料：安格拉珍珠石材、黑檀木石材、蓝宝钻石石材、天然铁刀木、实木格栅、茶镜、裱布、刷漆

面积：（室内）1 195平方米、（景观）3 218平方米

　　时光随窗外松树、青枫的枯荣，仿佛有些悠缓下来，点缀在黑白、褐灰的淡然水墨笔触其间，天开云朗，市嚣退缩为背景轮廓，在这方"青田"，展开一幅现代山水长卷。

　　像是永远也不要习惯城市里的恶地形和雨；或许本质近似一个诗人，街市盘嚣之间植下几株老松、青枫，春夏时节的浓绿湮湮漫漫，融进了水雾染湿石壁；再辽远一些的深秋经过，浅水塘让落叶辗转却始终波澜不兴——全部成为端景，让那如山石般量体坚实且姿态静定的建筑主体框画成局。

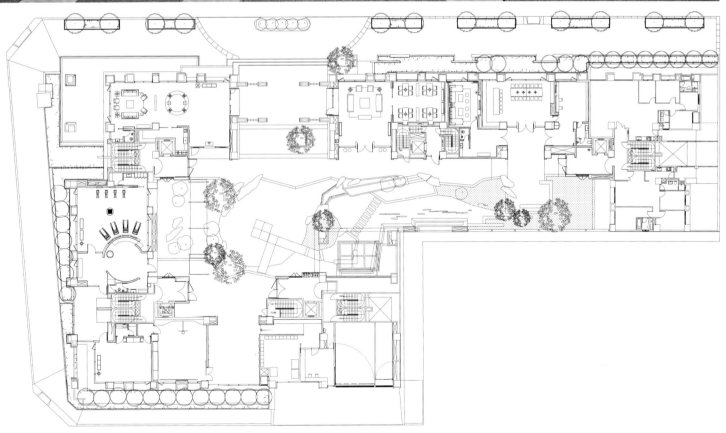

　　沿着环绕建筑周围的石板小径进入室内，铺设地面的大理石经精细打磨后沁凉如水，再放眼是原木板条连续排列在天花、壁面，或作为隔层，掩映着灯光便创造了一座明暗无边的苍穹；特意选用的深色陈设，使木树的意象萌生于室内空间。这番点画功夫似已达至笔随神走之境，将中庭绿意撷取而为设计语汇，随兴泼洒、掖藏在细节当中。

　　将绿意随步引入室，亦将整个自然拉拢进来，被天光与树群簇拥着，愉快地走。

　　大厅两侧作为引渡自然的介质，在超乎住宅尺度的敞朗、明亮环境下，细心地布置着迎接宾客、温纳住户的家具家私，细腻质感，在眼之所及，身体触感能完全诠释设计的好意，感受到了"细微即全貌"的哲思。

　　公设的格局仍继续水平延伸，行经如波纹般细腻转折的留白空间，左、右侧分别是开放式的运动中心和阅览室、生活讲堂，动静之间，其设计元素亦可窥究。阅览室和餐厅则承袭了大厅深浅对比的冷调，铺叙简静氛围。设计师以此超乎常规尺度接合内外景观的公设空间，

其构想意念除了能不受一般日常住居机能所限，尝试以公设扩充并实现最大限度的活用性，亦得自现代人最为缺乏、亲近自然以及感受空阔的希冀。

　　以圆形作为承接各个空间的缓援之地，让进出成为宁谧与热闹两厢之间的穿越闸门。圆，涵括的意象得以从容扩展，运动中心的天花或以木材线板形塑涟漪造型，或以不平整切割的块状装置仿拟水流动态。

台湾晴耕雨读公设

建筑商：理和建设

设计公司：清奇设计 苏静麒建筑室内设计研究所

设计总监：苏静麒

参与设计：赵焕珍、张群芳

摄影师：刘中颖

主要材料：（室外）太阳白、抿石子、大陆观音石、印度黑、黑色抛光砖、户外木地板、铝包板；（室内）太阳白、抿石子、耐火板、栓木山形染色、铜、耐磨木地板、皮革

面积：（室内）816平方米、（景观）2 603平方米

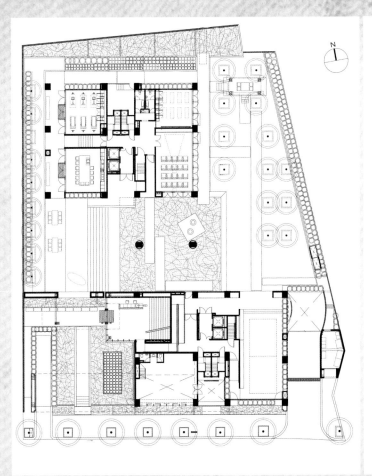

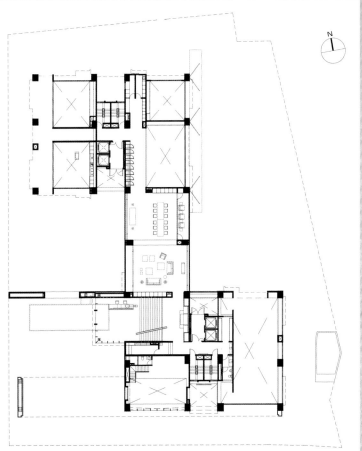

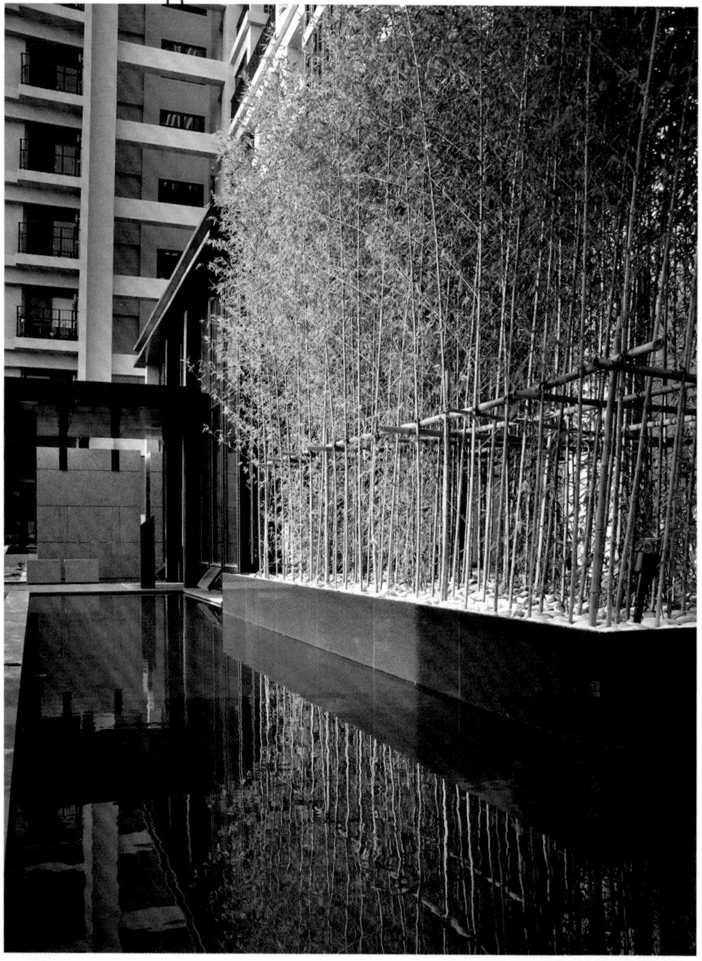

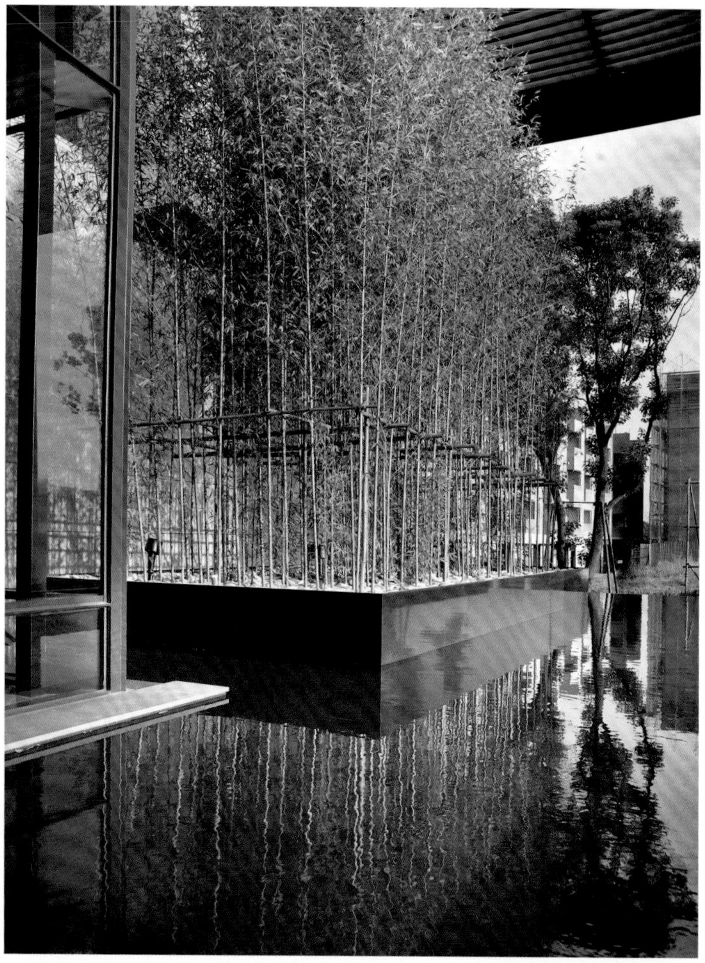

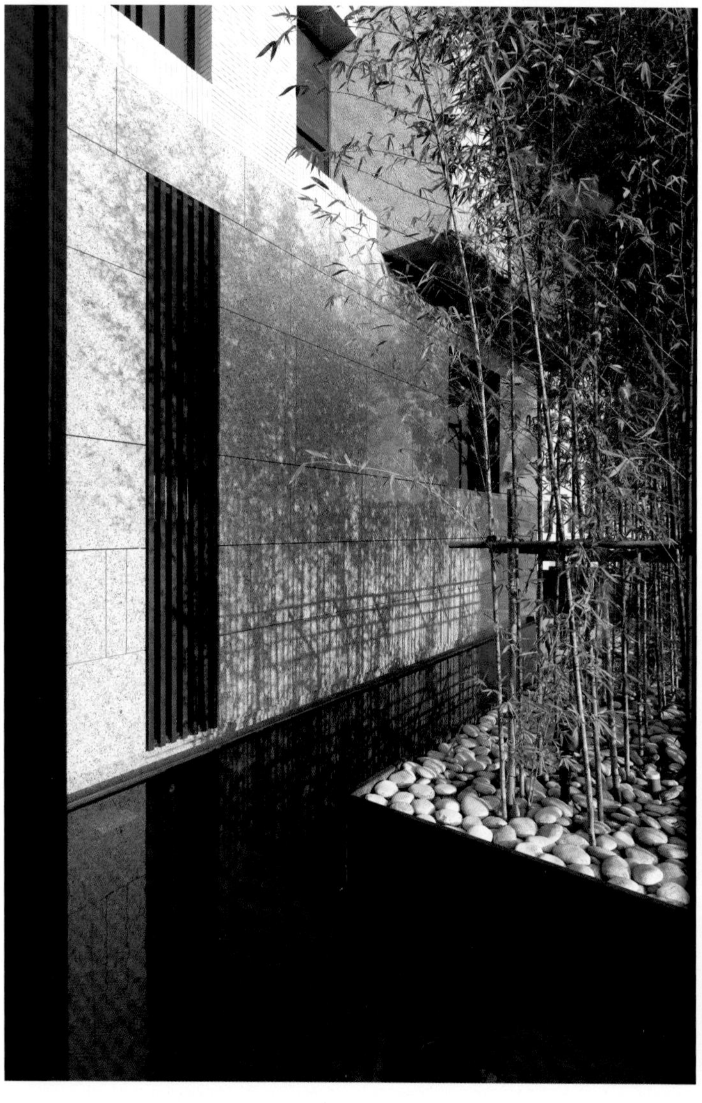

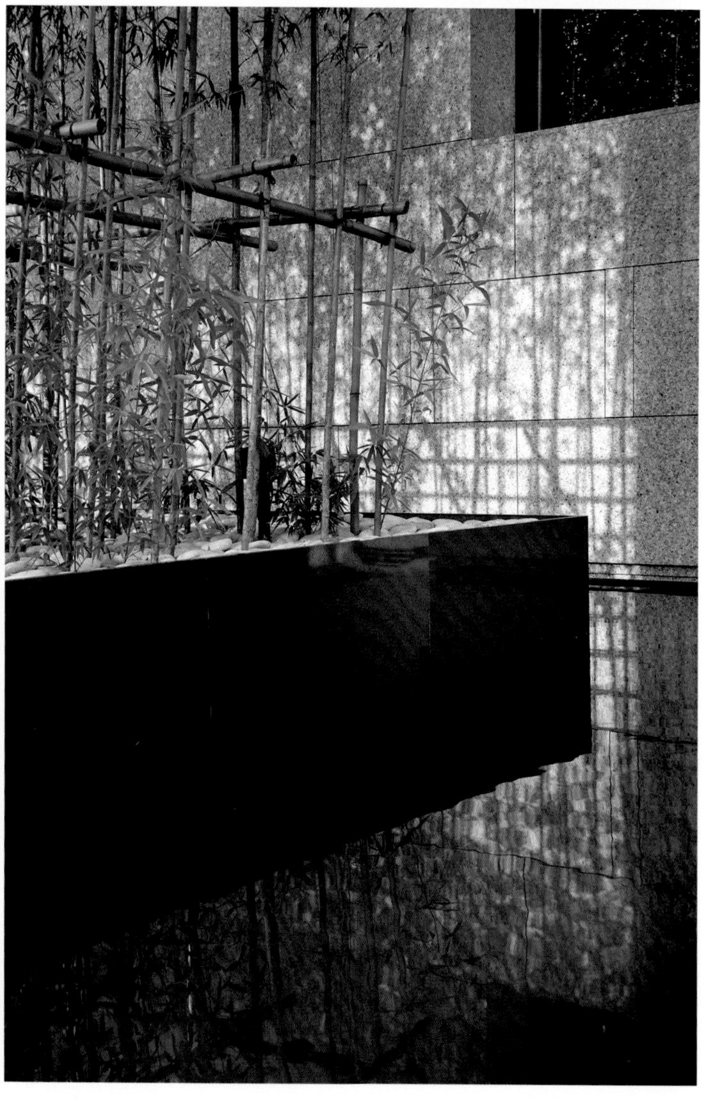

　　心之所安的桃花源何处寻？也许，我们可以从一个村落形成的过程得到启发。

　　晴耕雨读是一个转译过的村落：高大的樟树与青枫在村落外罗列成阴；水道在村前、村后如小溪涓流而过；水塘如湖泊错落村中，如阡陌纵横；中心的水域与绿地，转译着昔日"埕"的意象，是村民聚首之所；村子的西南与东北则留给更多的绿地、水域与树林，一个独立自足的生活场域，于焉形成。

　　晴耕雨读公设的规划素雅人文知性而实用，结合实际的生活需求，规划有接待大厅、图书室、凉亭、社区厨房、中庭花园、交谊厅、阅览室、视听室、健身房、休闲步道、KTV、空中花园、健康步道、烹饪教室、

停车场、水悦流瀑、电影院、品茗区、水池、沙发区等。基地保留大绿地空间与自有休闲空间，在东、西两向做退缩、做绿化，建筑采用光影穿透、让风流动的空间，产生宅中有园、园中有屋的空间效果，让住户在自己的社区就可以惬意地散步。

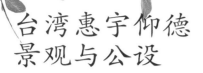

台湾惠宇仰德
景观与公设

设计公司：清奇设计 苏静麒建筑室内设计研究所

设计总监：苏静麒

参与设计：纪宪儒、连宇帆、廖淑君

摄影师：刘中颖

主要材料：（室外）古典白石、鲸灰石、印度黑石、绿蝴蝶石、意大利透心石英砖金属；（室内）古典白石、印度黑石、灰姑娘石、意大利透心石英砖金属、镀钛金属、老柚木皮、黑镜、编织地毯

面积：（室内）1 758平方米、（景观）1 242平方米

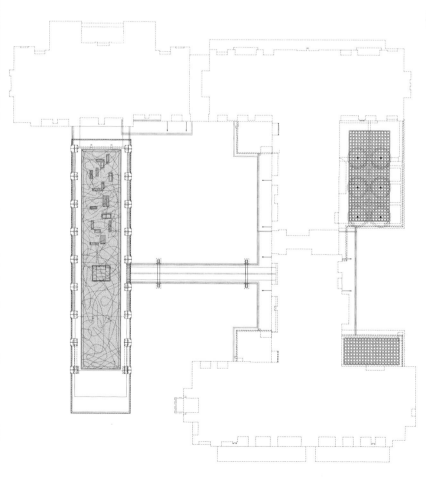

/水镜与烛/

以鸟瞰视野伫望公共空间平面布局，建筑立面外观，垂直与水平线条堆叠组合，有一种简洁而有序的美感。在两个偌大的基地围塑出的中庭上，布置着意象的"烛火"，以有礼的序列排置在基地上，引领人们进入空间，如镜的水盘布置在基地上，就着"烛火"，视线凝聚在风起的水影晃动之间。邻近的长方形浅池内，一座有机线条雕塑挺秀

凝伫，搭配着线条垂直的落羽松，整齐得如线如阵的排列，流露着淡泊诗意。水波因风与光而倍觉潋滟，与雕塑形成动静对比。池水反射，创造出户外景观的多重性。

徐行漫步中庭，步廊不仅作为人们移动时的遮蔽，抒长线条感也隐喻着空间尺度。悬浮的桥廊，视线无碍的穿越偌大基地，信步游走，在层层的绿意中，停驻于如亭的窗前，望入仿若森林的一角，享受这尘世中难得的幽静。

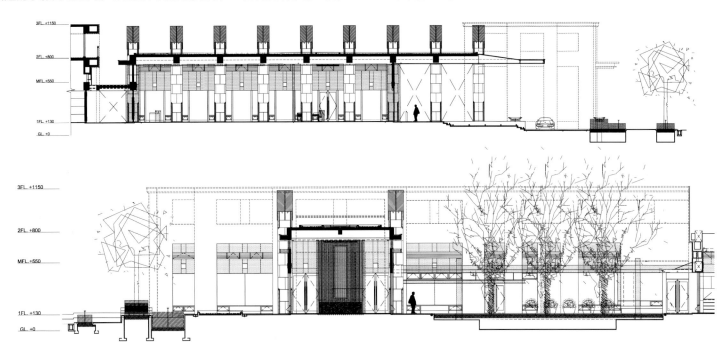

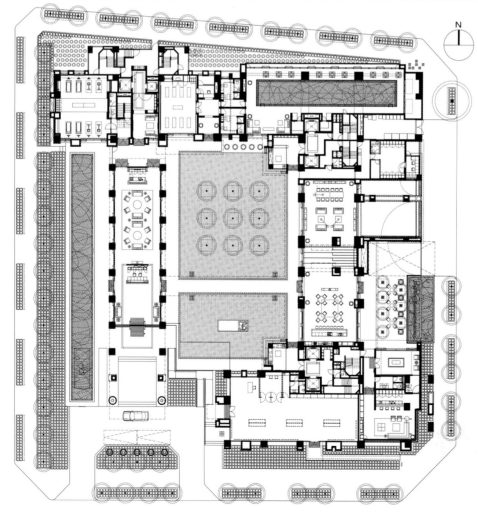

室内泳池无人使用时，带状光线投射于水域，酝酿着俨如剧场般的张力光影。黝深的室内立面皮层衬着水域，静默、深沉、空阔，产生强烈的神秘感。立面透过清透材料的应用，将中庭外的阳光和绿意框进。

住宅大厅内部的交谊空间，天花与地毯线条彼此呼应。餐厅的石材立面与木质阶梯，在游走动态里除了体悟一份人为美感，另有自然意蕴。石砌阶台高雅稳重，光影流坠其上，自成角落风光。利用台阶创造室内不同水平高度，除了塑造分区，也让大尺度空间洋溢着层次韵味。

台湾乡林大境
景观与公设

设计公司：十邑设计

设计师：王胜正、姜庆弘

（King Wang 、 P.aul Chiang）

摄影师：沈俐良、刘俊杰

主要材料：石材、实木材、
实木木皮、镀钛金属

面积：6 000平方米

参天大树或直耸入天，或因风横倒河面上，静止的直横错线与缓动光影、急动溪流，交错而层层叠叠的更迭面向，形成一个"穿"，贯通于空间的上下内外而至整体风貌。面对磺溪与层叠交替的树与影，将天成美好的绿延伸入中庭，乃至于建筑的大小角落，都能嗅到丝丝的芬芳气息，与视觉层层递进，围塑出既自然原始又修饰得宜的动人风貌。建筑体在被围绕与围绕间，拥有一层又一层各具姿态的象限元素；穿，是一层；光自竹间滤筛而下，是一层；石面剥开的糙状大墙叠砌，是一层。借由循环但不重复的施作，在马蹄形的建筑群配置中，形成柳暗花明的转折与曲进。一弯转，自小油坑流入的乳状温泉，天然无敌；一穿过，从庭园无阻漫步至休憩堂屋，原来还藏有电动围墙可以升起遮风避雨；一踏入，如泼墨的意象出现于高雅时尚的休息吧；一抬头，小院绿树是早午餐的最好去处。动线如光与影，穿梭于空间量体中，仿若逛着转曲回进的花园，期待时不时出现的惊喜，最初与最终的相遇，则于水波荡漾的树影与建筑倒影中，美好落幕。

人，从孕育万物的大地走出，遁入文明，却养成一身复杂与繁琐。如今何不再次走入森林，也许并非最原始纯粹，但却是修整为最适于人与自然和平相处的共生建筑。透过树、光、水的净化，立于界线从来就是模糊难辨的量体中，眼望于穿透回绕的无尽交替里，视线从来没有被阻挡，深吸一口气，则新鲜、干净、芬芳的气息盈满于胸，生活的最大满足与安乐也不过如此。

台湾怡然居景观与公设

建筑商：华太开发建设有限公司
设计公司：常季设计工程有限公司
设计师：张立人
参与设计：苏耿颐、许淇淇
摄影师：刘俊杰
主要材料：伯爵灰石材、普罗黑金石材、
铁刀木、柚木、茶镜、裱布、刷漆
面积：（室内）438平方米、（景观）968平方米

　　游移、闪灭，是光如羽翼粲然，将蕴含在市政商圈地带的小型尺度基地，朝城区中心开放，穿行于未来；然而动势是收束且矜敛的，是大隐隐于市的胸怀，避走在自高广天际投射而下的淡泊倒影中，不为繁华所役、所惑，怡然也自居。

　　将此般人生哲学投射至建筑，掩在端凝大理石立柱所形构的方正外观之后，入目即通透明净的公设空间，仅以悬垂的水晶吊灯透露尊贵气度，引导目光聚焦于安置在主墙面中央的抽象雕塑作品，柔软如云、流畅如字，亦如虚怀若谷之哲人，身心皆得舒展。

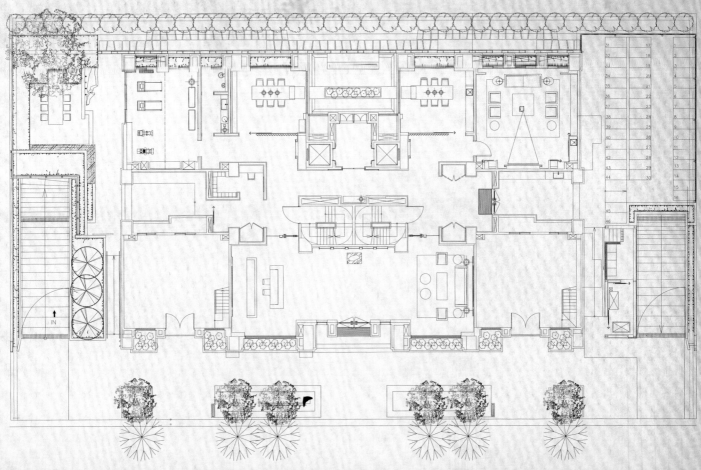

右侧尽头设置了一处开放式的访客接待处：吊灯、沙发、隔间、家饰……不正是将自家厅房和生活场景还原重现吗？设计师在此以雅致低调的质感营造一种亲密、隐私的安适，又不失慎重待客的意味。

第二重可供弹性使用的空间则重复了建筑开口处的主墙面设计，用以划分左右空间。延续开放感的深色原木格栅屏风，替代门户，墨黑色带有天然纹理长桌作为空间主体，旁侧装饰着古风帘架或抽

象画作，压低的灯具探寻着宁定的氛光。

　　镜光，从四面八方而来，无形中吸纳了大量的声响，回应阅

览之厅，原在静读每一个窸窣的言语之后，转而为一条静静流动之河，映着四季的流转，自成一方天地。

　　空间左侧的尽头处则设置了健身房，设计师随情境所需，安排了多处、多面开窗以迎接自然光照，以及得以汲取光线与联觉性的镜面，加强了空间往上拔高的视觉印象。

　　空间中围塑光影的手法总被视为自然元素的移植运用，"怡然"反其道而行，将之升腾为精神性的存有，因此可以不受限于技巧或者风格以自得其乐，居者如此，设计者亦然。

台湾乡林皇居
景观与公设

设计公司：十邑设计
设计师：王胜正、姜庆弘
摄影师：沈俐良
主要材料：石材、镀钛金属、
玻璃、皮革、透光云石
面积：12 000平方米

设计在创意之中，实现了自然且舒适的核心价值。于是抽象华丽的世俗潮流隐默在建筑之外，以流动空间为出发点。在载体之中，设计线条在隐喻于空气的弧线里顺势流动，像一阵风，吹过森林，吹过水面，吹过建筑，吹过空间，自然而闲适地流动，塑造出由作品自行发声的设计。

　　乡林皇居设计核心思想，即是以"流动空间"为概念，强调休闲是一种生活态度。如同大厅一般，以东方概念为出发点，设计师根据天圆地方的意涵来凸显形式的正统，而中央的十三盏灯，则是取东方最大吉数"13"来表现，不仅是以《礼记》里象征"庆丰年"的语汇

予以转换使用，更凸显出大厅的气势。

　　大厅空间四向延伸，接待大厅以黑钛梁体表现层递之空间框景。室内空间为呼应东方谦逊自然之生活哲学，在各会谈区刻意以降低地面的手法，使进入者有如隐入四周地景之中，以稳定内敛的空间氛围

强化居者对四周环境的观察。户外内庭空间配置，呈现各区相互穿引之格局，体现东方宫殿之空间配置纹理，将内外之间的过渡经验，成为与自然因子互动的各式过程，进而感受四境的周期变化。以东方帝王之空间哲学结合东西方空间特质，让人以谦逊的姿态，审思环境之永续循环的道理。

沿着大厅中轴线，后有 100 米宽的空间，于两侧规划沙发区，透过户外庭院的水象来借景，让水在载体之中，倒映出建筑柔美流动的婉约情境。水上还有火焰，设计了两层壁炉。大厅的另一面墙，挂上一块颇具年份的老树剖面，象征盘古开天盘根错节的意象，均是东方的概念。此外，设计还运用竹编灯笼、石板道搭配绿荫夹道，营造典雅沉稳的迎宾氛围。而建筑的踞高优势及宽阔视野，则将台中华灯初上的璀璨风景融入设计之中。

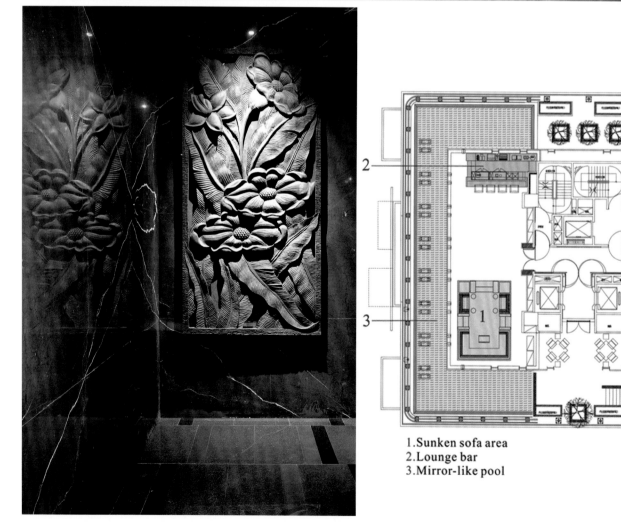

1. Sunken sofa area
2. Lounge bar
3. Mirror-like pool

公设空间中还设有一个 POMO LOUNGE，设计师以浮在水上的玻璃盒为概念，以东方山水画中的泼墨为设计手法，恣意挥洒空间，墙面及吧台自然的泼墨石材纹理，展现空间的磅礴气势，并运用江南园林借景，将景色引入模糊室内外边界，实现空间的延伸、渗透与增加层次感，丰富空间与景致，如同流动空间，使之互相串联、交织融为一体。

玻璃盒四周围绕着无边际镜面水池 (Over Flow)，有如漂浮于水面上，跳脱城市喧嚣之感，将东方元素与当代风格完美融合，使人徜

徜在空间，也醉心于景致。水池与天空形成水天一线之余，大量水气调节气温，降低高空中的温度，透过挑高大花板自然排风解决热气，降低室内温度，搭配三面落地玻璃，光线经由玻璃与水池的折射照入空间，使自然采光均匀，又可避免过度暴晒，整体兼具美观及节能效益。

设计师遍寻奇石，运用黄山玉石的泼墨石材纹理，室内沉稳的黑色大理石地铺与镜面水池反射都市景致，并将钛金属层层堆栈，再以象征东方的图腾加以镂空雕花成格栅，带入东方语汇与层次丰富的空间。

台湾太子馥
大堂及公设

设计公司：彩韵室内设计
设计师：吴金凤

光影如流水，将基地周边的绿意促拥入室，细细洗涤之后的米白色挑高空间，一道长廊铺排舒展，柔和、淡然以汲引日光，三两随兴设置的环状灯具宛若云气，其下，天然石刻凿的接待柜台映在雨丝般垂悬的细长灯影中，后方则是一面铁件交织成林的立体墙景，褐与黑的枝条恣情横生，自有生命力，为整体简净氛围添了几笔动态意趣与聚焦亮点。行走其间抑或安坐柜台前方的扶手椅具，将会感受到眼前那三面玻璃帷幕无碍渡引的不仅是绿意、光照，安稳包覆的亦不仅是公设空间，再向内涵探索，实是隐藏着住户、来客所向往的桃源乡。

一般集合式住宅的迎宾大厅，业主在设计上都希望能体现建筑气势与精装质感，让入住者能有备受礼遇的尊荣感，本案除了满足以上目标，更着重"人"对于空间情境氛围的感受，例如可经由大面落地窗欣赏中庭景致的交谊厅内，透过典雅、细腻的格栅语汇，点出和风的静谧气质，搭配环形的沙发、单椅配置与体贴的轻食吧台机能，营造一种隐密聚落的亲切感，把家的气氛延续到公共空间里。此外，为了呼应事先议定的建筑气质，本案在空间布局上主张大气与简洁，极力彰显现场优越的采光、视野，避免零碎的分割与过度装饰压迫视觉，并将多种实用的休闲机能适度填入空间。

在材料的选取上，配合空间所需的温度与质感，在接待大厅与过道运用大量的米色大理石、天然洞石铺设地面与墙面，柜台外观并以凿面石皮搭配上下的钛金属，借强烈的反差诠释与众不同的时尚感。交谊厅的部分则在主要端景墙上，穿插温润木头格栅与皮革彰显精品质感，并打造段落的黑色金属格栅来界定吧台区域。

接待柜台右侧是楼厦的出入口，锻铁框架配搭深色镜面的大门后侧，灰褐大理石首先围塑出沉厚幽静的气息，木质元素、淡雅花器、现代艺品点缀其间，

设计师特意将玄关的空间语汇拉近、延伸至此，让居住者从公设空间即可感受到家的亲密。出入门右侧则是交谊空间，柜台处的铁件墙景被转化为半开放式的屏风，后方以米褐色系家具、镂空展示墙、具有份量感的活动式木作屏风呼应门厅的敞亮空间感，另一间包厢会议室以黑白对比引出中式的尊华风格——动静、虚实、明暗的置换调配，相映成趣。

考虑到此案所属的公共空间，是所有住户每天都要进出、活动的公开动线，因此所有软硬件的设计首重安全，尽可能避免造型上的锐角或死角的产生，打造友善的居住环境并降低日后维护的人力损耗，就算是重点墙面与过道间的金属镂空屏风，也以柔和的抽象线条交叠来传递设计美感。

东方元素亦运用于健身房与撞球室，深色木质的镂空展示墙作为装饰与隔间，线帘取代了一般窗帘，充盈光源撒落在木作地坪之上，一旁，线帘倾泻而下的丝线构成简约陈设中的空间层次，球枱、跑步机等现代物件能够恰恰好融入典雅的背景当中。此案分别设有室内与室外泳池，透过水平窗台可彼此穿透、互为端景，室内的木隔栅天花板、几何流线泳池在水色荡漾之际，连通自然。

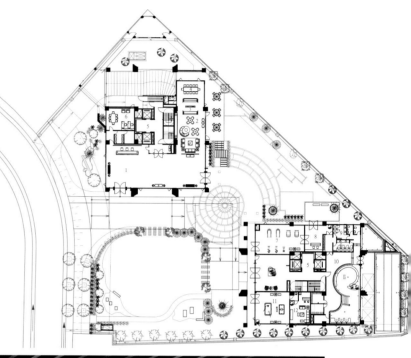

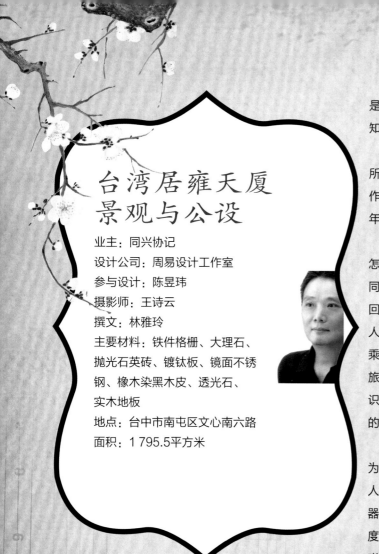

台湾居雍天厦
景观与公设

业主：同兴协记
设计公司：周易设计工作室
参与设计：陈昱玮
摄影师：王诗云
撰文：林雅玲
主要材料：铁件格栅、大理石、
抛光石英砖、镀钛板、镜面不锈
钢、橡木染黑木皮、透光石、
实木地板
地点：台中市南屯区文心南六路
面积：1795.5平方米

设计当然需要天分、需要后天扎实的美学训练、需要有人赏识的舞台。但是设计要有厚度；要想引起观者、参与者的共鸣，就一定要有足够的人生历练、知道什么才是开阔眼界，这样的设计，尤其是空间设计，才有机会感动人心。

埋首在空间设计领域已经很多年，我感谢、更珍惜每一次业主给的舞台，所以特别想让脑袋里百般琢磨的东西发光、发热，如果真的要说，我的每一个作品，都是个人生命记忆的反刍，消化很多美学经验后得到的结论，没有这些年一路的走马观花，就没有今天的周易。

对我来说，国外旅行是吸收美学的大好时机，看别人怎么生活，怎么思考，怎么表现自我的创意观点，异地陌生又新鲜的一切，可以让我重新认识自己，同时学习如何借鉴西方的现代手法，重新诠释中国建筑艺术与东方文明的精髓。回想从旅行中获得的五感体验，通常是广泛而包罗万象的信息流，它们不只跟人有关，跟风俗、民情、节令、气候也息息相关，因此我得一一消化后，加减乘除才能得出我自己的结论，然后成为灵感数据库的一部分。我从不对某次的旅行预设立场，因为偶遇本身就是一种数学上的或然率，我只要专注跟着潜意识的声音，打开心房接纳一切眼睛所见的事物，发现其中的美，就能累积宝贵的创作能量。

这次很荣幸受邀主导"居雍"的景观与公设规划，在这座以当代豪宅标杆为名的大气建筑中，同兴协记建设在结构细节上所展现的用心与魄力，实在让人印象深刻，也激励我在这次的创作中更上一层。考量建筑量体亟欲呈现的大器雍容，在多人进出的公共空间如大厅、梯厅或休闲设施单元内，融入仪态大度的东方元素是再合适不过了，必然能为现代化的新颖建筑，带来与众不同的磁场、气质与人文深度。

　　为了展现"居雍"聚气藏风的帝王之姿，在大门入口两侧安排动态的水舞喷泉，结合 LED 三色绚烂彩光的程序变化，带出内敛尊荣与现代科技共构的大宅时尚。大门两旁巍峨立着两匹静态的石雕骏马，栩栩如生的结实体态，隐喻大唐盛世的气派，更是别出心裁的迎宾语汇，流露出独一无二的东方浪漫。挑高八米的宏伟大厅，同样以东方历史结合自然元素，展现饱满的设计感，包括不惜工本以镀钛金属精工打造的蜂巢式天花板，象征磐石永固与回巢的双关，地面也以费工的大理石拼花形塑对应的蜂巢图案。正面柜台区横向大跨距座落，背景以全幅黑色大理石，衬托镜面不锈钢 LOGO 线条的洗练摩登，构图上精致与大气兼容并蓄。大厅两侧各有沙发休憩区，一边架高数阶，配合祥瑞的装置艺术与巨型吊灯，营造备受礼遇的剧场氛围，两边墙面对称壁挂透光圆孔玉璧，借古代帝王贴身佩饰，来深化空间里的名门风采。若有机会造访"居雍"，经过梯厅可别急着走进电梯，在镀钛金属处理的电梯门上，点缀着喷砂的水墨花卉图案，两边分段照明上方则镶嵌琉璃，展现对微小细节的关注，同时呼应"居雍"追求"完美生活容器"的最终精神。

健身房的设计，在台湾房产界应该也是首开先例吧！连续的格栅过筛户外景致兼顾私密性，巨大的方管吊灯以透光雪花石特制，底部点缀中式剪纸图案，与下方承托的方形座几构成微妙平衡。以身临其境的 3D 影像与数位音响为基础的高尔夫球练习场，算是现代住宅中相当先进的娱乐设施，相信这会是未来最受欢迎的休闲项目。还有备受喜爱的 KTV 室，室内以大面黑烤玻璃反射缤纷光影，背景像是中式窗花门片的蓝光线条，其实是以玻璃导角投影 LED 而来，结合彩光科技、灯光设计与古典图腾的运用，对话红色皮革沙发的时尚奢华质感，是不是让人为之耳目一新？

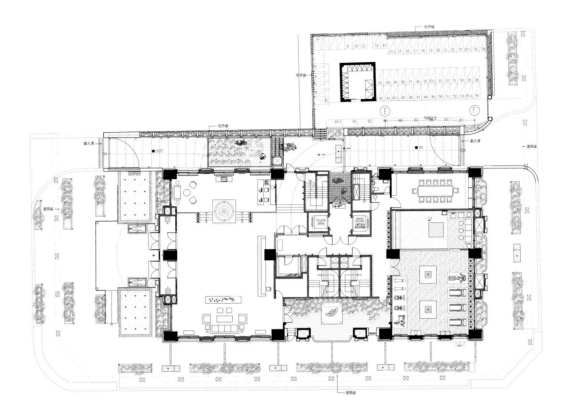

台湾惠宇宽心景观与公设

设计公司：十邑设计
设计师：王胜正

本案为私人豪宅公设案，坐落于台湾台中市精华地段。此公设包含：大厅、中庭水池区、阅览室、KTV 室、交谊厅、健身房、瑜伽室、多功能休憩空间。

大门入口取"千礼之翼"的设计概念，黑色金属格栅的时尚雨遮，透过光影折射的创意，像是遨游云端之上展开的翅膀，让入口气势饱满却又涵谦居礼，宛如鹏鸟高飞之前，先曲身、蹲足、收翼，硕大且轻盈，如云天之翼轻盈悠闲自在。

进入接待大厅，东方山水泼墨画般的石材纹理，带出空间流动感。木质天花板面上搭配光舞般的水晶灯，营造出刚柔并济的绝妙平衡。设计师王胜正置入"一字长轴"，直指人心归向于一的意涵，令空间顿

时凝结成了绝对值得期待的空间场域。

　　整体空间以"回"字形聚落配置，空间皆围绕中庭水池，以空间围塑自然，强调人与自然的互动。巧妙地运用东方江南园林借景手法，结合西方序列柱的不对称廊道，从室内眺望户外独姿绰立的老树，框

中框的概念形成空间丰富的层次感。

　　中庭的静水、圆石、老树、光舞、长廊与内景，形成一幅难得的雅致风光，让人与人之间能够生发祥和圆融之气。

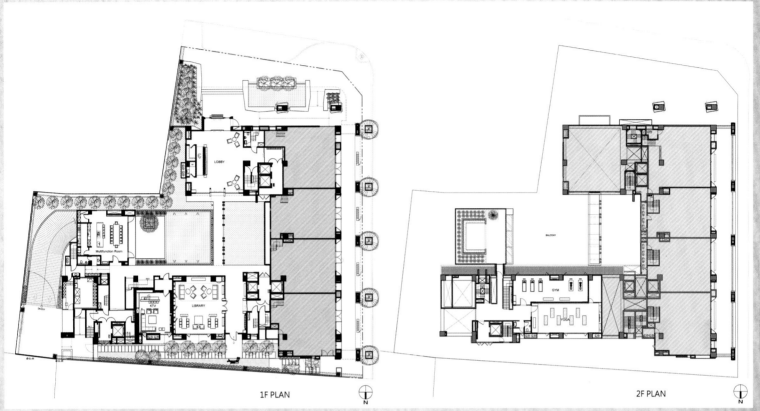

1F PLAN　　2F PLAN

　　阅览室以行云流水般的石材肌理搭配金属构件，让阅读空间兼具理性与感性的氛围。KTV室整体以深色皮革与石材地铺，搭配特殊多边造型的天花板与光束序列装饰的吧台，营造出无可言述的时尚感。

实用的多功能交谊厅中结合料理吧台、宴客用实木长桌与舒适座椅，让空间中满溢着热情招待、热络分享的人情味。

　　位于二楼的健身房和瑜伽室为大面落地玻璃，让律动中的人们仿佛朝着眼前的树林迈步，融入在绿意之中。在处处巧思的空间设计中，人与空间、人与自然的对话油然而生，借空间引动宁静，寻找心灵的平衡点。

　　设计师王胜正以"东道西器"的概念——东方极简禅静哲思与西方理性空间架构，重新建构豪宅奢华定义。浮动焦躁的社会，欠缺的是心灵宁静的沉淀，而冲突与恐惧的根源，往往来自无法停止的混乱，唯有宁静才能找回控制秩序的主导权，这正是建筑空间赋予人类行为的使命与责任。

富宇水怡园公设

设计公司：含奕设计
设计师：曾文和

　　为了呈现豪门宅第风范，这一间双栋式住宅大厦的公共区域，特别讲究东方人文与自然意境的隽永合一，希望不浮夸亦不单调、蕴含开朗气度的雅趣韵味，让住户能够在行进活动间，潜移默化地获得全方位的生活启迪。

　　因此在左栋大楼的大厅，可以看见还原空间尺度，突显挑高格局气势，然后三侧陈设大面玻璃落地窗串联内外视野，让室内既享有明亮采光，又在字画艺作、门面绿意与中庭水池等背景互相辉映中，导入丰富生活面向，赋予风生水起的吉祥寓意。接着，风格营造细节上，天地面以色差较大的深浅对比，挥洒出深邃悠远的意境，像黑色水晶吊灯、黑色大理石柜台、黑色几何线条地板拼花图腾，以及为了拉长视野比例与投射丰富光影，窗门与立面上方装置的镂空箭尾造型黑色面板，都在相衬浅色基底与明亮天光后，更加显现静谧灵性与人文儒雅之情。

　　至于规划在右栋大楼的交谊厅、健身房与撞球间，同样着力于架构宏大格局，但为了避免视野空荡产生距离感，运用色泽温润的木头质材架构立面与柜体，借以烘托稳重气氛与纯净视觉张力。另外，举目望去会发现环伺下半部多为清透玻璃或镜面隔间，进一

步延展视野创造舒放情境，而上半部则陈设开架书柜与直向木桩排列，形塑立体层次律动，再连同立面悬挂的泼墨画作和展示柜摆设的书册、花瓶，演绎出中式元素简化后的雅致风貌，让休憩社交场所不仅格调非凡，也蕴含耐人寻味的艺境感受。

三亚亚龙湾天普会所

设计公司：戴勇室内设计师事务所

软装工程：戴勇室内设计师事务所&深圳市卡萨艺术品有限公司

主要材料：新洛克米黄云石、黑洞石、劳拉米黄云石、木地板、泰柚实木、墙纸、扪布

面积：1 200平方米

观地下花开花落，看天上云卷云舒。

本案地处海南三亚亚龙湾，拥有最美丽的海滨风光和热带天然植物，是一处静谧清幽的度假胜地。会所主人深爱中国传统文化，对明式家具情有独钟，拥有一颗返璞归真的心。他希望在这个地理位置极好、自然生态撩人的环境中能够真正地做到平淡真实和静默放松，与自然融为一体，万念放空。

空间设计，体现大气无形，张弛有度，融合现代的设计手法和当地多元的文化元素。对称、穿透、借景、框景等多种表现方式在设计中得到积极运用。选材自然，主要以泰柚实木为主要装饰材料，配合米色云石和麻草墙纸完成全部空间的装饰面。后期的家具等也同样地

使用了泰柚实木，以明式家具中的内翻马蹄款式为主，局部家具选用小叶紫檀名贵家具。所选用的陈设物品围绕古拙的审美观念结合当地人文特色进行，点到即止，留白生韵，禅道相参，区别于满的形式进行布置。面料的选用注重自然朴实、触感温暖，配合内蕴低调富贵的丝质。色彩以包容的灰性作为主要的选用依据。开放通透的空间格局让人亲切的感受到棕榈飘渺，椰风海韵的自然美景，室内与室外融为一体。

物与形相融，情与景相通，内与外共处，人与自然对话，是本案的最终展现。设计赋予空间品位，亲近自然，东方禅境，在此不期而遇。

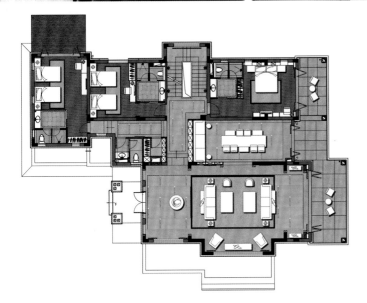

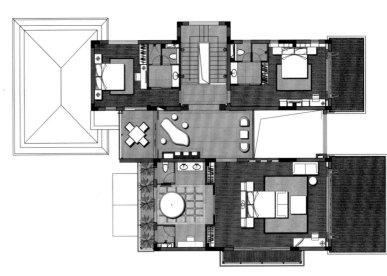

上海万科
五阶坊售楼中心
与公共空间

建筑商：上海万科
设计公司：津岛设计事务所
景观设计：Studio on Site
摄影：西川公朗

五阶坊位于中国上海浦东区，是万科打造的高端住宅作品。

此项目中，万科在城市黄金地带大胆尝试新款住宅模式。特别配备约 2 万平方米精品商业、社区会所、精品酒店、艺术馆等高级生活配套功能，打造具有国际化、艺术化的高端社区。

建筑师的设计概念是为了重新思考现代中国住宅发展的旧模式。由于中国经济发展蓬勃，城市发展火速导致中国大城市的住宅项目往往非常稠密，快速发展中牺牲了住宅发展中重要的优质空间。

建筑师的设计手法是回归人性化，建筑高度不超过 15 米。同时建筑师设计大型绿化带为主轴线，制造宜人的中央庭院，利于采光和提供了住户在城市里难得的优质宽阔绿化空间。

项目的亮点是正处于项目大门，长度超过 60 米的艺术展示"桥"。设计师研究了中国传统格栅，为项目量身定做了含有万科标识的设计，让建筑体块感觉轻巧虚无，犹如白色羽毛浮在半空中。格栅依据室内功能要求设定配置，提供室内需要的视野或隐私。

台湾夏朵公设

设计公司：含奕设计
设计师：曾文和

夏朵公设由含奕设计的曾文和设计师担纲，挑高 7.9 米的大厅，搭配光影主墙，打造出贵族迎宾气度。艺文会客区里，更邀请美国纽约大学艺术博士、前国美馆馆长薛保瑕专为社区打造的画作——触动场域，以强烈的色彩、跃动的生命力映入眼帘，更富艺术气息。在大厅与交谊厅过道，设计师也以编织墙面与木柜营造视觉美感，让每个空间都是景点。

来到三楼，结合了钢琴交谊、名流宴会、爵士吧台功能的社区宴会厅，多功能的设计，不管是举办音乐活动，还是美食品酒、赏书品茗都十分适合。各处摆放的雕塑、摆饰、画作，更令交谊空间充满艺术氛围。另外，比照健身中心设置的健身房，五站式训练、心肺交叉训练、哑铃训练椅、跑步机、脚踏车、健身车，多元设备一应俱全，让住户健康又养生。

台湾艺文大观
入户大堂及公设

建筑商：佳瑞建设

设计公司：彩韵室内设计

设计师：吴金凤

摄影师：游宏祥

主要材料：石材、特殊砖材、金属、银箔、皮革

面积：3 525平方米

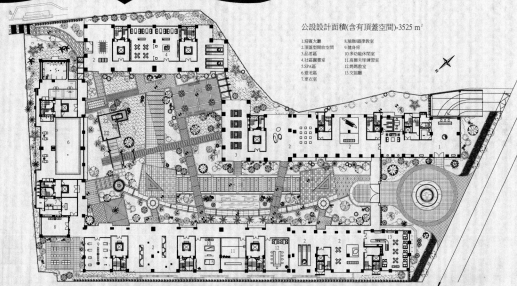

公設設計面積(含有頂蓋空間)-3525 m²

1.迎賓大廳
2.頂蓋型開放空間
3.品茗區
4.社區圖書室
5.SPA區
6.游池區
7.更衣室
8.瑜珈/韻律教室
9.健身房
10.多功能休閒室
11.高爾夫球練習室
12.烹飪教室
13.交誼廳

大观紧邻中宁公园及占地 16 529 平方米的温州公园，有着近似台北市仁爱路、敦化南路的宁静氛围，街廓整齐，周边全新的建筑与绿树相映，颇有离尘不离城的悠闲步调。其公设面积约为 3 525 平方米，社区采用前窄后宽的畚箕型规划，一楼规划公共设施，除迎宾大厅、品茗区、图书室、Spa 区、

更衣室、韵律教室、健身房、交谊厅、游泳池、多功能休闲室、高尔夫球练习室以及妈妈教室外，更特别规划约 198 平方米的空地作为生机菜园。

大观诉求"健康六益宅"，舍弃最有价值的一楼店面空间，规划为开放式公共空间，导入日本东京中城的公共艺术观点，以顶盖式开放设计加上艺术造景，化为开放、宽敞、明亮的活动空间。

空间设计综合运用木元素的质朴亲和力及清新淡雅的色调、石材的现代气息与玻璃元素的通透属性架构起整体框架，同时借用绿化，使空间内外景色通过通透的玻璃界面互渗互借，增加空间的开阔感和层次变化，从而达到延伸和扩大空间的效果，也使不同的功能空间之间产生一种微妙的视觉连续性。

至于装饰方面，条纹图饰编织的休憩区，适度空旷的大厅空间，没有繁复装饰的压迫感或杂乱市嚣，仿佛可以听见时序正优雅地移动。编织的意象手法也移转至交谊厅的灯饰，竹韵深幽，不过分突显淡金色横梁的奢华气息；由此可连通泳池、健身房、会议室等场域，是机能性高、气氛愉悦的公设空间。光影悠游，住户往来的脚步也在此平缓了下来。

台湾乡林淳青景观与公设

设计公司：郑唐皇计划设计室
设计师：郑唐皇、陈健国、曾莹轩、张惠婷
摄影师：李国伟
主要材料：花岗岩、大理石、栓木实木家具、不锈钢钛、
喷砂茶镜、定制铝格栅、实木皮板

基地位于新庄副都心重划区核心地段，距离捷运环状线副都心站120 米、坐拥交通、行政、文化三大优势。

整体设计的概念上，以书为主题的阅读生活方式，创造一个人文气息浓郁的公设活动区，并利用材质本身的力度创造出单一纯粹气息的空间。

主要公设楼层分别为一楼接待大厅、宴会厅、图书室、社区餐厅、健身房、咖啡杂志区，以及顶楼的无边际水池、Spa 水疗中心。

景观以灌木的绿和镜面水景并列建筑中，走入层层并进的绿荫中，降低都市尘嚣中的繁乱，由水的反射使得腹地的宽阔感延伸。配合建筑立面简约的意象，以四季广场为主题，不同特色的四季植物结合铺面的设计，将户外景致引入室内，中庭的琴键铺面概念加上光椅，围塑出都市中难得的休闲氛围。

由新北大道进入的迎宾大厅，置入眼帘的是一个类似美术馆的挑高 8 米的空间。

放置在大厅中的艺术品以堆栈的概念呈现，或站立，或横躺于地板，塑造出一个可以随意安置自己情感的地方。

平面配置以延伸性设计为概念，设计上以素雅纯色感延续，将大厅完全放空，形成开阔的前厅。

高挑的梁深使用喷砂镜的设计，将使其达到将空间延伸放大的效果。

其中，由室内往室外看，造型花窗的伫立衬出空间的堆栈，由花窗光影的框景中洒进大厅中温润而富有节奏的光线，视觉上也将环绕住的服务柜台向后望尽。

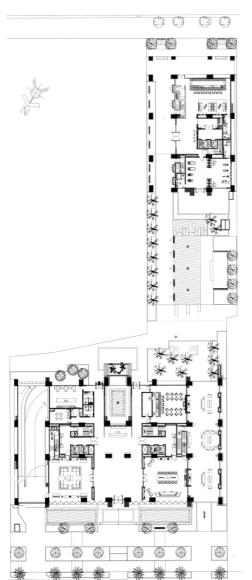

公设空间运用深色木纹，框架出新的秩序，并列出大气的气度，由书为主题贯穿的设计里，书柜内的藏书与艺术品呈现，实木家具与书柜的连接，诠释了价值的空间对话。也经过设计摆放，让整个阅读区达到书香满溢的效果。

在各楼层的空间调性上，仍然将设计手法延伸至各个空间，维持空间的整体性，强化空间力度，让使用者在各楼层的空间体验是串联的、有一致性的，使整栋公设人文涵养的氛围能够被延续。

登上顶层，跨栋距的无边际泳池，水面倒影折射天空云彩，可远眺观音山，再经由建筑框体看去仿佛眼前是无价的景观，叹为观止。

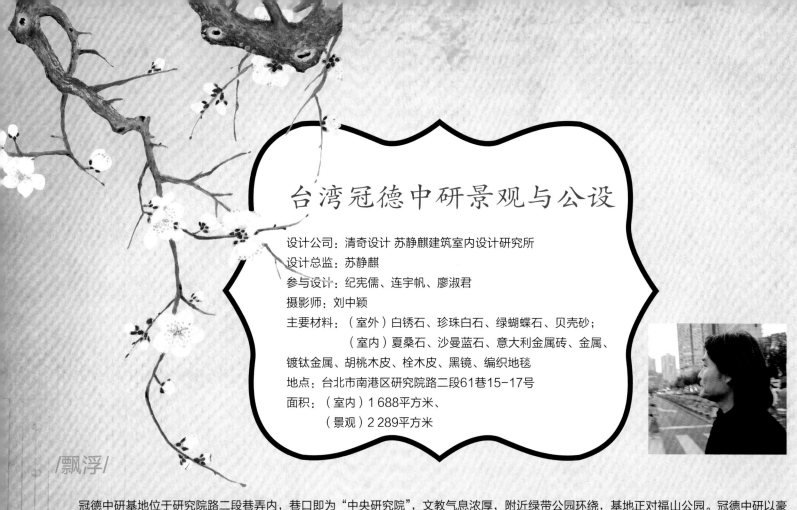

台湾冠德中研景观与公设

设计公司：清奇设计 苏静麒建筑室内设计研究所

设计总监：苏静麒

参与设计：纪宪儒、连宇帆、廖淑君

摄影师：刘中颖

主要材料：（室外）白锈石、珍珠白石、绿蝴蝶石、贝壳砂；
（室内）夏桑石、沙曼蓝石、意大利金属砖、金属、
镀钛金属、胡桃木皮、栓木皮、黑镜、编织地毯

地点：台北市南港区研究院路二段61巷15-17号

面积：（室内）1 688平方米、
（景观）2 289平方米

|飘浮|

　　冠德中研基地位于研究院路二段巷弄内，巷口即为"中央研究院"，文教气息浓厚，附近绿带公园环绕，基地正对福山公园。冠德中研以豪宅等级规划，一楼规划有茶屋、Lounge Bar、烤肉区；二楼有KTV；三楼则为VIP设施，包含有游泳池、健身房、电影院、冠德远见图书馆、Spa区等。建筑的布置，暗示了飘浮空间的形成。

　　空间以沉稳高贵的灰色调进行打造，给人一种成熟优雅的第一印象，同时借由不同的材质与跳跃性的色彩的穿插，使整体呈现出个性干练的效果。偌大的接待大厅，颇具空间感，以"空间艺术化"为设计主题，透过灯光、线条、色调、雕塑品、书架以及花艺等，营造一个兼具艺术享受与生活功能的空间，从而传递出一种艺术的生活方式，无论是镶在天花板的玻璃盒里的飘浮雕塑，还是空无一物，只有金属盒镶在其中的墙面书架。在这里，你可以循着艺术的气息，探讨人与空间、物品之间的微妙关系，去感受生活艺术化的表达。夜晚，映在发光吧台的逆光中，是绿与影，是飘浮的暗示，是轻盈的离开。有点旧化的基地环境，飘浮在高空中饮酒唱歌，为欢作乐，成为现代特有的生活方式。

　　冠德远见图书馆，面积大约 231 平方米，宽敞宜人。暗沉色系的格状天花有着旧图书馆的痕迹，而极简风格的白色书柜搭配木座陈列平台，乍看之下，却又让人宛若走进一个小诚品书店。空间中装饰的石头、花盆、便条纸的摆设，皆由苏静麒亲手摆弄，务求打造一个舒适的阅读环境。沉静在书堆之中，可瞥见玻璃窗外壮健的大树，是飘浮在半空中的绿色给予了图书馆更多的时间感受。同层的游泳池，树成群为林，发光的池岸与发光的玻璃墙，围绕在绿色群山之间，相映成趣。

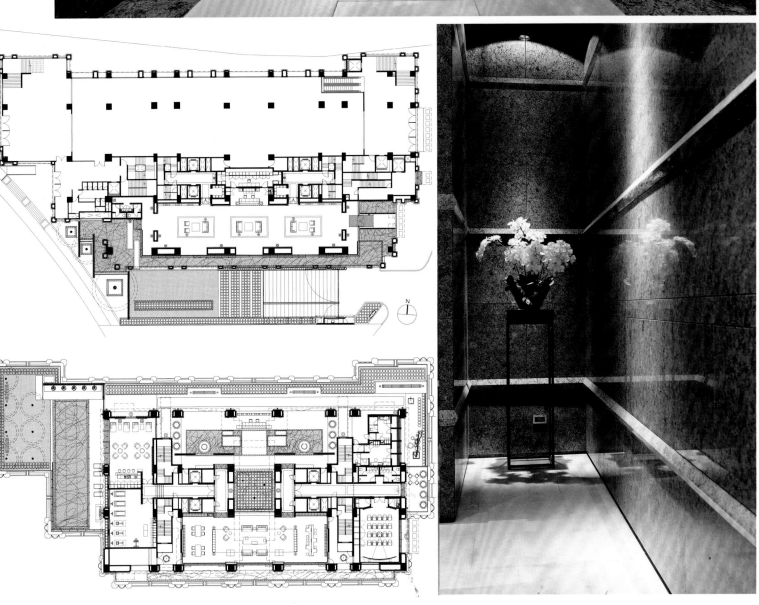

珠江壹城
国际会所

设计公司：广州共生形态工程设计
有限公司
设计总监：彭征
设计师：黎子维、吴嘉
地点：广东从化
面积：3 800平方米

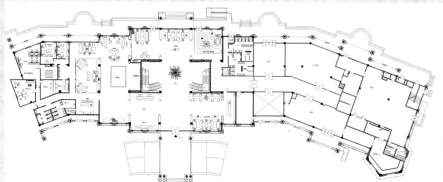

这是一个成熟高端地产社区的会所，具有销售和会所的复合功能，因此这里承载的不仅是入住者的配套服务，更是后来者的未来生活，它是一个关于交谈、体验、放松和娱乐的公共空间，既非东方亦非西方，也不是抽象而空洞的文化，它有的只是细致入微的生活关怀，精致优雅的视觉体验，人与人的对话关系和亲切尺度，还有自然中的天光和窗外的风景……

步入会所迎面看到的不是接待台，而是收纳天光的中庭和中庭屏风背后的一片风景。

接待台与书吧分居大堂入口的左右两侧，同时也暗示着空间和流线的功能规划。设计尽量避免室内墙体对空间的生硬切割，而是通过屏风、隔柜来区隔空间，让空间更具流动性和连通性。

随处可见的沙发座椅看似随意亲切，其尺度和组合形式实则都经过了慎重的考量，它们能让人在放松和尊贵的体验中畅想生活。

台湾总太建设·国美公共设施

设计公司：清奇设计 苏静麒建筑室内设计研究所

设计总监：苏静麒

参与设计：蔡垂耿、于涵章、谢昀泰、陈雅涵、廖淑君

摄影师：刘中颖

主要材料：（室外）蓝宝钻、大陆观音石、白洞石；（室内）不锈钢镀钛

地点：台中市英才路

面积：（室内）1 718平方米、（景观）3 175平方米

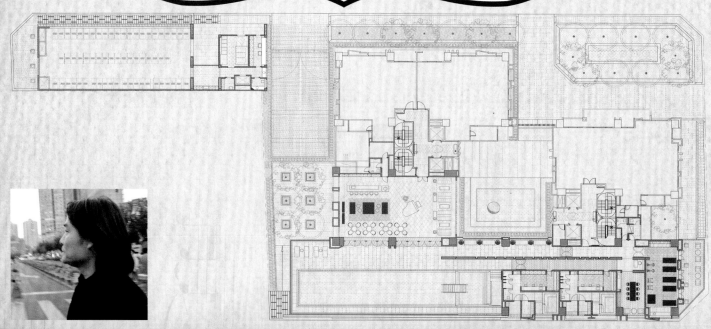

本案位于中部文化底蕴最深厚的美术馆特区。设计的核心在于，空间的哲思与自然绿意交融，柔化了环境线条，营造的美学生活场景有如诗画，与国美馆现代艺术相映成趣。面对着绿树成林的都市绿洲，住宅四周更植满绿色大树，让建筑与窗景融入一片绿意之中。社区大门退缩545平方米，让出一方天地，栽植树林与绿廊，掩映着礼宾回车道，加强出入隐私；车道前的平台设计，让行车安全更有保障。

走进一楼挑高的迎宾大厅，串联艺术廊道和中庭花园。迎宾大厅将园道之美延伸到居家，光影飞腾，翩翩蝶影，光从反射的空间中渗透出来，空间倒影在天花里，形成另一个静谧的世界。浅褐质朴，邀舞沉静的黑，相拥在缓缓的乐音里，上演一曲低调光彩，恭迎大驾。三楼规划无边际泳池、宴会厅、咖啡馆、Spa池、健身馆以及顶楼的茶室、光幕绿篱观景台等，让豪宅的尺度进一步提升为名宅格局。Lounge Bar茶香漫漫，琴声悠扬，从空间的分享体会到更多生活谐趣。无边泳池安静优雅，展现了了然于心的豁达。树梢上漫泳，观赏天光潜移美景，暮色余晖中城市开始发光。

建筑空间是六感生活的集中、放大，公共艺术则是透过艺术家之手，将六感再次凝聚、结晶，以艺术作品将生活感受提升到感动与体会的层次。值得注意的是，此次总太·国美的公共艺术延伸"光"的语言，特别邀请美籍琉璃大师 Orfeo Quagliata以"时光凝结"和"彩光凝聚"的概念，以最具质感的彩色玻璃 Bullseye Glass，为社区打造两件公共艺术作品——"Condensation（凝结）"及"Blossom（绽放）"。其中，"Condensation（凝结）"于青枫与樟树环绕的水池中伫立，水里有绿影，水里有都市，水里有光影，水里有艺术家的荷与水滴；而"Blossom（绽放）"则安置于天井日光廊道旁的水池，静谧优雅地分享生活之美。此举在呼应区域浓厚的艺术与文化气息之余，也让住户更深刻地体会到会基地价值与环境中的"光"与"绿"，沉浸其中，找回纯粹宁静的生活六感：眼、耳、鼻、舌、身、意的享受。

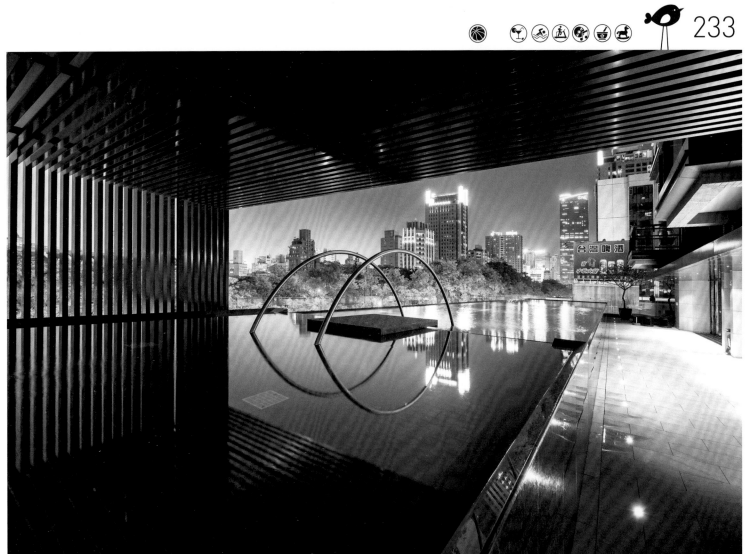

台湾桃园佳瑞建设·
上城入户大堂及公设

设计公司：彩韵室内设计
设计师：吴金凤、范志圣
主要材料：石材、砖材、银箔、木皮格栅、玻璃、马赛克
面积：（一楼）1 140平方米、（地下一楼）380平方米

社区的公共区域代表着一整个社区形象，一如人类的外表，我们总是仰赖辨识穿着打扮来认识一个人，看到鲜艳衣物我们判断此人活泼外放，一旦发现蓬头垢面且衣裤不整的外貌，一则避而远之，又则逃之夭夭，外在形象之重要由此可见。因此公共空间的摆饰显得更需要精挑细选的精神与品位，运用几分画龙点睛才能达到完美意境。

佳瑞建设·上城公共空间设计纤细、明快，加上设计师具有国际观的设计思维，孕育了本案的与众不同。设计整体大气，简洁的形式中蕴含了丰富的细节，虚与实、纵与横平行与交错，素雅与明艳，不同色彩，不同大小的分缝有序地组合在一起，既有对比又有呼应。石材、木材、镜面、玻璃，方圆、曲直，雅致的线条，明快的色彩，给人一种庄严有力的华贵之感。

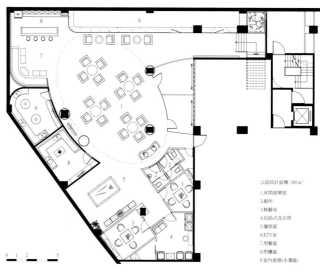

公設設計面積: 380 m²

1.休閒俱樂部
2.廁所
3.棋藝室
4.自助式洗衣房
5.撞球區
6.KTV室
7.用餐區
8.吧檯區
9.室內造景(水瀑區)

公設設計面積: 1140 m²

1.住宅大廳
2.管理中心
3.SPA區
4.泳池區
5.健身房
6.管理服務櫃檯
7.芳療室
8.烤箱
9.蒸氣室
10.廁所
11.更衣室
12.販賣區
13.值班室
14.寄宅配室
15.待辦區
16.交誼閱讀室
17.信箱室

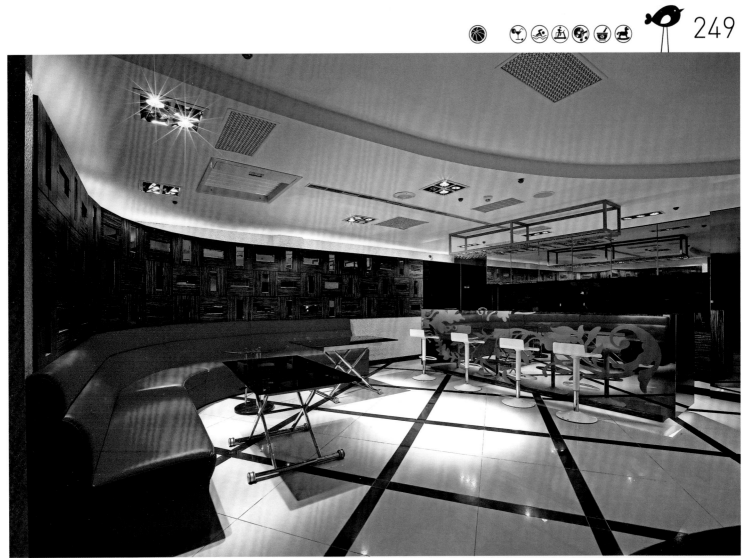

台湾中港一方公设

设计公司：ID+A长荷设计
设计总监：郑邦(Ben)
设计师：Saphina
撰文：Yves
主要材料：木纹石大理石、皮革、
铁件、橡木钢刷木纹

空间，是享受生活的介体，除了赋予人所依赖的安定感，也可以彰显恢宏气势。这处位于台中七期的指标名宅，从公设区域空间的构成到实品屋的情境营造，ID+A长荷设计透过几何线条的勾勒与典雅材质的铺陈，在延展通透的点线面布局中，统合了科技感、摩登感与温馨感，进而展露出富饶多重的极致品位。

几何空间 摩登风韵

坐落台中七期的"中港一方"是指标名宅之一，为了彰显应有价值与气势，长荷设计发挥统合专才，在公设区域规划上，诉求几何空间感与极简主义风格，透过不落俗套的有机线条构成，强化材质质地与情境营造，并延展出空间尺度张力。大厅的天地面构成，全由木纹石大理石烘托出安静与空灵气氛，然后天花板巧妙利用光带的勾勒，营造出几何线性趣味，加上格局一体开放，更塑造出简约而不失精致的迎宾气势。

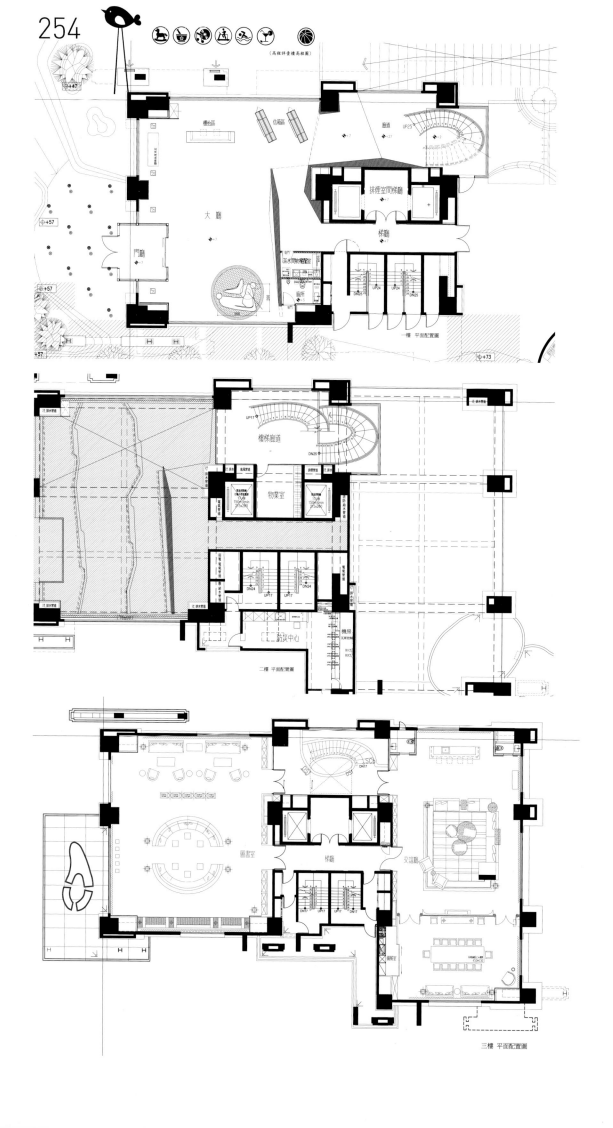

（高程詳查樓高程圖）

一樓 平面配置圖

二樓 平面配置圖

三樓 平面配置圖

　　来到三楼的交谊厅，在纯白法式古典基调中，黑色、白色与灰色搭配交织，经典菱格纹皮革的使用，也连同金刚砂材质、镜面切割，营造顶级时尚奢华品位。图书馆则铺陈低调优雅美学，透过皮革、暖色系木皮、金刚砂等材质，形构出内敛沉稳的静谧空间。而沿着建筑弧线配置的健身房，能够观赏到户外露天庭院与远方市景，展现流畅无碍视感，加上景观座位区陈设弧线几何造型顶棚，辅以灯光情境照明后，更是演绎出一股摩登风尚。

中企绿色
总部中企会馆

设计公司：广州共生形态工程
设计有限公司
设计师：彭征
参与设计：梁方其
地点：广东佛山
面积：5 000平方米

中企会馆位于中企绿色总部园区二期，原本独立的两栋独立的企业总部，被合二为一，设计成一个以服饰文化为主题的会所。建筑地上五层，地下一层，一楼为大堂和接待区，并设有容纳200人的时装发布厅；二、三楼为办公室和会议中心；四楼为会所式餐厅和酒吧；五楼为VIP私人会所，总面积5 000平方米，是一所集展示、商务、会议、办公、休闲于一体的大型会所。

设计突出"礼宾""专属""品质""底蕴"四个关键词，融合现代奢华与独特典雅于一体。整体设计风格豪华稳重，雍容典雅，经典的百老汇场景与东方装饰主义风格并存，体现了东西方现代文化的共融共生。

室内设计强化了建筑空间的优势，巧妙地运用自然光与各种灰空间，并赋予丰富的空间体验，这里有15米高的中庭、引入自然光的天窗、6米高的时装发布厅和有水景的地下室……漫步于建筑之中，各种经典场景的闪回，东西方文化的交融共生，如同展开一场移步景异的心灵旅行，让这个空间充满丰富的体验和令人难忘的故事。

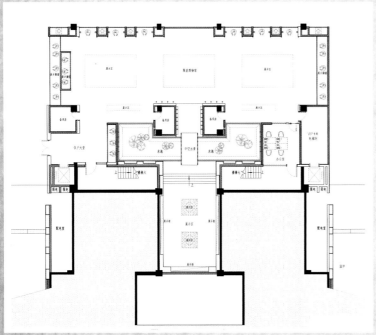

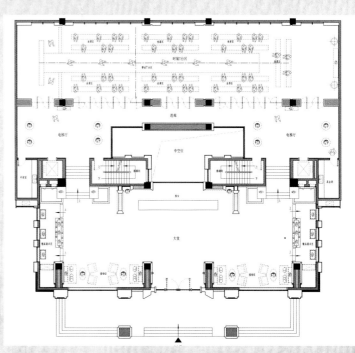

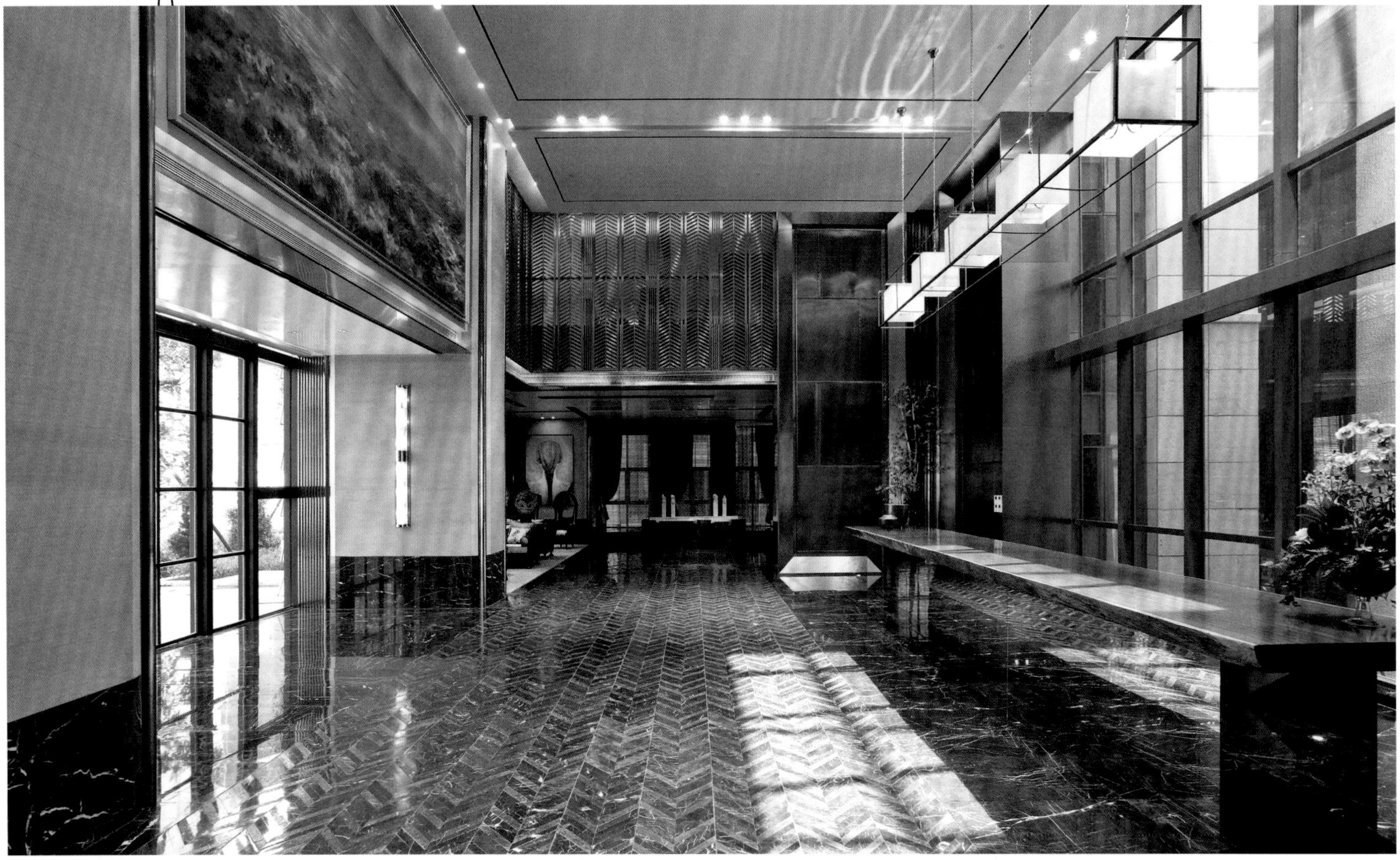

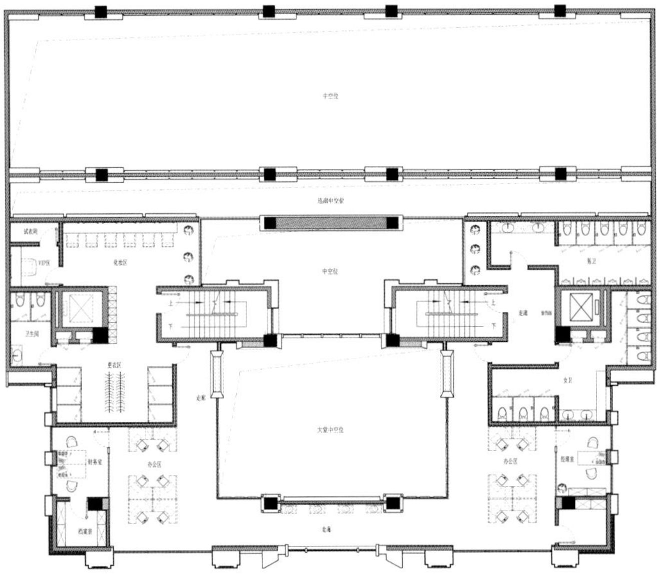

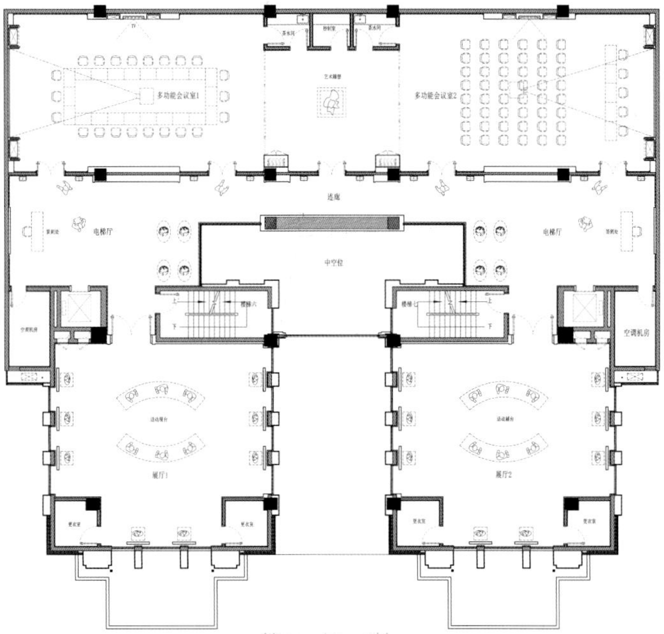

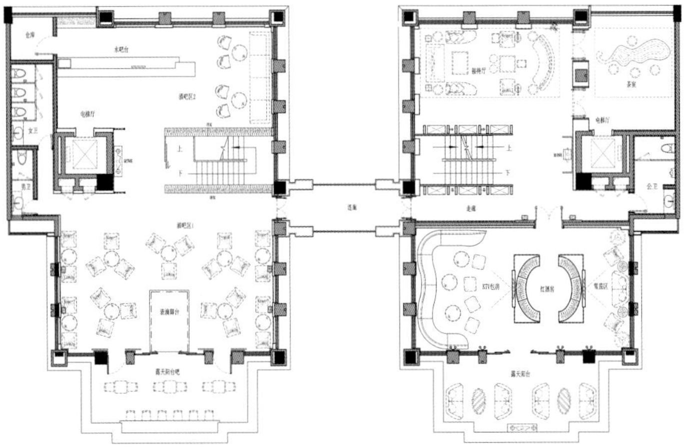

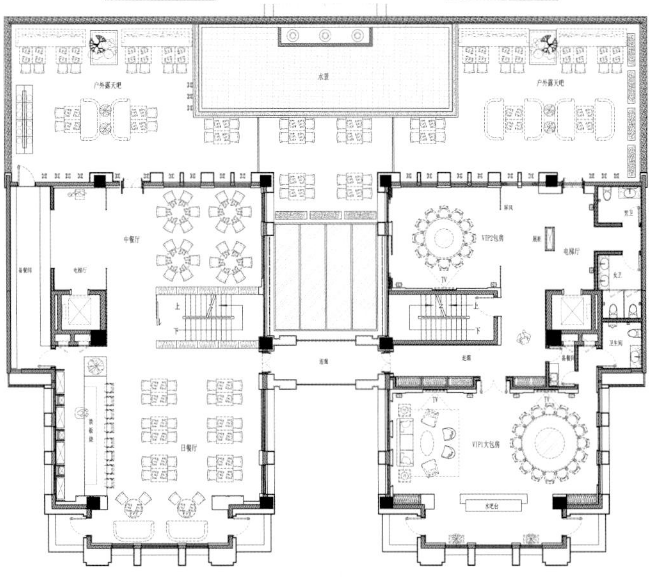

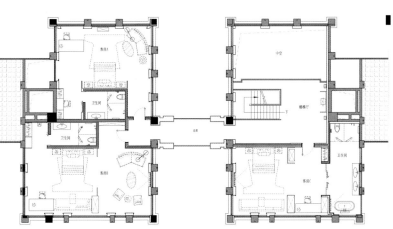

台湾富宇优森学
景观与公设

设计公司：含奕设计

设计师：曾文和

协助营造新生活美学，一向是含奕设计对业主的真诚回应。在这栋住宅大楼的一楼公共区域，为了赋予与住户身份地位相衬的生活环境，整体空间布局显得磊落大方。一进大门，位于中心点的接待管理柜台，以深色石材架构而成，背后立面则透过大面石材与木头材质进行结构雕塑，再辅以光带收边勾勒，便形成犹如剧场般的空间张力，容易凝聚为视觉焦点，进而引导出合理且流畅的动线规划。

柜台前，沿着一体铺设的大理石地坪通往两侧座位区，挑高格局中特地陈设比例较为低矮的家具柜体，借由上半部开敞通透视野，突显整体恢宏气势。加上主立面一侧砌立泼画般的墨绿色大理石墙，一侧装饰对称植生墙，不落俗套又精致的空间构成，充分展现人文意境与悠然兴味。

　　再转进有独立隔间的宴会厅、儿童游戏区、儿童阅读室与视听剧院，分别依据不同使用属性与机能，赋予或通透明亮、或精致高贵、或简约宁静空间的氛围，希望空间美学与实用机能紧密契合，建构精致又美好的新生活。

顶楼规划有宴会厅与露天庭院。其中，宴会厅因为享有挑高格局、充裕采光与景观视野，所以隔间多采用大面玻璃窗，以引光纳景入内，与室内温润木质基调相辉映，烘托出自然休闲情调。户外庭院除了有植栽造景，也巧妙以几何线条做结构装饰，当天光投射筛滤，会形成不同光影变幻，散步其间或坐在藤编户外家具上，定能感受到充满动态能量的乐活时光。

台湾大毅建设
家风景社区公设

设计公司：纬迈室内装修股份有限公司
设计师：张哲宗

　　"家风景"公设以音乐为主题，外形流露着律动美学，歌咏音乐线条，运用垂直绿化概念，空中"树院子"的思维，以绿色的自然外衣作为建筑的生动表情。如果说，人生每个历程的风景都不同，那么，这里一定是最美的！每天都和公园、绿树面对面；推窗，拥抱自然，静赏云光变幻；视野，一路开展、自在阔达。

　　社区公共空间一楼设有演奏交谊厅、团练室、视听室、有氧健身房、练琴房等，顶楼则有图书馆、咖啡厅、太阳能集电区等。设计借由对人文、美学、工艺等的深层了解，让居者的使用需求紧密地结合于空间设计中，呈现出深度的多元文化，企图通过润泽人心的诗意空间体现出居住者的品位。

Reading area

Cooking area

Library

家風景 熱河路三段187號 大毅建設

　　不同的功能空间，注重艺术化氛围的营造，共收藏有 11 位现代艺术家的 51 件原创作品，让住户们无论驻足于大厅或其他公共空间角隅，都能受到艺术的熏陶，享受艺术带来的喜悦与幸福，仿佛置身于美术馆。

在音乐环绕的场域里，透过艺术家原创作品中充满生命力与感染力的线条、色彩和情感，也能感受到艺术带来的心灵富足与美好。

顶楼公设图书区地坪采用石英地砖铺设，与木作阅读桌及书架极为搭配，洁净温润的质感，彰显出古典悠闲的书香空间。

本案的设计，体现了社区艺术化、艺术社区化，让艺术的美，踏实地在生活里体现出来，让家住在美术馆。

台湾太普建设·君临公设

设计公司：清奇设计 苏静麒建筑室内设计研究所
设计总监：苏静麒
参与设计：于涵章、廖淑君、蔡孟洁、陈穆勋、林文凯、许巧薇
摄影师：刘中颖
主要材料：（室外）蓝珊瑚、黑钻、镀钛板、氟碳烤漆铝包版、灰玻；（室内）蓝珊瑚、月光玫瑰、镀钛板、氟碳烤漆铝包版、实木木皮、编织毯、吸音绒布
地点：高雄市六合路x河北一路
面积：（室内）982平方米、（景观）1 666平方米

太普·君临，基地正对彩虹公园，且邻近高雄文化中心。建案社区公设没有过多的外在雕饰，融入美术馆、精品饭店的概念，打造出兼具简约、内涵、设计的会呼吸的绿化空间。

在这个宽度长而进深短浅的基地上，有一幢高塔状的建筑物可通向公共区域，设计希望透过水平区分使空间既互相穿越相通，又有层层相隔的空间感，让空间从户外的植栽围篱开始具有一种神秘的特质。

一楼大厅挑高 7.2 米，以灰、黑、白色调为主，打造出时尚内敛的空间氛围。此外，还规划有开放式的交谊厅与会客室、电影室、KTV 室等。对于设计师来说，故乡高雄的赤热让他的童年充满了甜蜜与苦涩，荫凉间里微风吹拂已成为记忆中的美好。因此，设计师不仅在设计过程中布水植树，更于大厅设置斜幕通气循环系统，在无空调况状下仍维持气流循环，室外基座采用斜幕结构、结合室内石材座椅造型，将地面冷空气从外引入降低室内温度，热空气透过电扇引导，由气窗排出达到对流效果。而贯穿的书架及电动格栅同样有利于风在空间中的流通，从而实现儿时的美好回忆。

　　基地户外设施还规划有水池花园，其设计有利于调降周边温度。而漫步踱入空间深处，则因应居者的实际生活需求，设计师开始如剥皮的果实一般，创建出一个浅白色的空间环境，一直发展到顶层的玻璃盒体内。顶楼建有健身房、Sky Lounge、吧台区、健身房等公设，Sky Lounge 与吧台区休闲氛围寂静高雅。

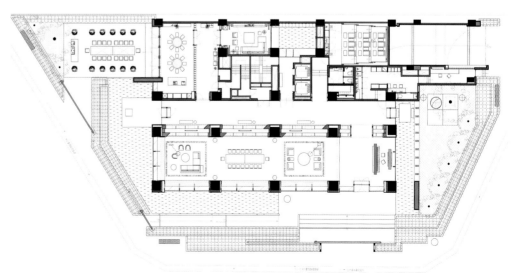

台湾永信本然
住宅大楼公设

建筑商：永信建设开发股份有限公司

设计公司：清奇设计 苏静麒建筑室内设计研究所

设计总监：苏静麒

参与设计：赵焕珍、廖淑君

摄影师：刘中颖

主要材料：（室外）太阳白石材、印度鲸灰石材、缅甸玉石；（室内）印度黑石材、栓木染黑、栓木染灰

面积：（室内）469平方米、（景观）2 296平方米

　　本本然然，诚如案名，本案试图透过建筑、空间，呈现基地的本然、购屋者生活样态的本然、开发者核心价值的本然。基地位于高雄，北临21米明华路，西临21米南屏路，南接明华中学，并可远眺凹子底森林公园。因此本案于配置上在一楼特意将开放空间置于南侧，与明华中学校地连接，创造绿地空间的连贯性，同时借由一系列的半户外空间，并设置景观水池及艺术品，借此调和心理的情绪转换，并可借物理的微气候调节（如产生穿堂风），开敞的一楼空间及机能，本然地反应高雄炎热的气候特质。

墨黑色的水面，水滴在起舞，不锈钢的雕塑，舞出跃动的水声，配合建筑间中庭里的淅沥水音，倒回到高中时午觉醒来，朦胧的、热烘烘的盛夏午候。在庭院里，种满了樟木大树，一片绿荫里，伙着一个小亭，亭中有桌、有椅、有饮。近黄昏时，望向建筑的黄色灯光，恍恍的，回到幼时埕前的美好时光。

　　沁凉夜里，登高望向高雄已多变的市景，为这眺望，围绕着大片　　置入了玻璃盒里的休息室、健身房与一个雕塑小园庭。

映影的水池，为这眺望，围绕着巨幅电动开启的格栅门窗，为这眺望，

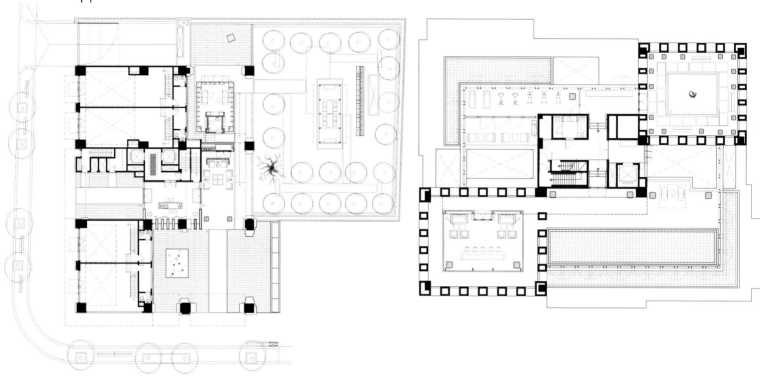

台湾新业建设·A PLUS景观与公设

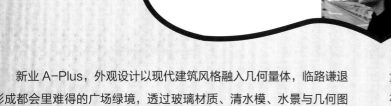

设计公司：清奇设计 苏静麒建筑室内设计研究所

设计总监：苏静麒

参与设计：詹怀恩、谢欣薇、连宇帆、廖淑君

摄影师：刘中颖

主要材料：（室外）太阳白石材、灰钻石材、清水模、灰玻璃；（室内）太阳白石材、不锈钢镀钛、人造皮革、红橡木

地点：竹北市嘉政五街

面积：（室内）694平方米、（景观）2 223平方米

新业 A-Plus，外观设计以现代建筑风格融入几何量体，临路谦退形成都会里难得的广场绿境，透过玻璃材质、清水模、水景与几何图像的层叠变化，建筑、艺术与人文场景的结合，犹如身置美术馆。这份对美的讲究延续至居家空间，将室内装修导入建筑设计，缜密规划动线、收纳、空间弹性预留等，不仅从外到内形塑生活之美，更以舒适长效思维，回归宜居的生活机能，全面呼应精英进化中的居家趋势。

核

公共空间以果核的想法，剥开深黑色的"外皮"，泄流出白灰色的内容，如果肉与核，又如山洞之深凿，以横向细线作为观景的窗，恰置于坐高视线之前。

盒

在新竹多风的基地上，营造可以不受大风影响的观景入口与动线，方形与长条形的点与线状的玻璃盒体，与中庭中让风穿越的版片状组合的清水模盒形凉亭，形成实虚之间的对比，让"风藏"与"风动"化成形状。

场与蝶

在迂回的入口前，退缩一植满了树丛与灌木的宽广场域，蝴蝶缤纷飞舞，互相追逐嬉戏，慢慢地，慢慢地，飘落下来，留驻于彩带（雕塑）上，让人不禁驻足欣赏。

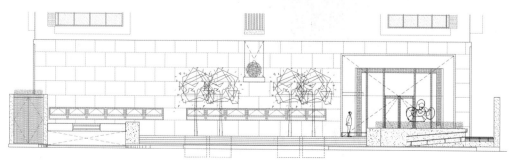

台湾新业睿智
公共空间

建筑商：新业建设股份有限公司

设计公司：清奇设计 苏静麒建筑室内设计研究所

设计总监：苏静麒

参与设计：林嘉如、蔡垂耿、于涵章、陈勋、陈雅涵

摄影师：刘中颖

主要材料：（室外）世贸金麻、霞红石、观音石、黑胆石、环塑木、金属包板；（室内）卡拉拉白、印度黑、贝里尼、橡木大山形染黑、漆料、铁件、皮革编织毯

面积：（室内）579平方米、（景观）1 897平方米

本案以最具风尚的潮流元素——黑白色打造出一个隐匿空间，在面北向风大的入口，以一种隐匿的形象，设计一个形式简洁的入口。相反于入口，对着不大尺寸的面南庭园，由略暗沉的空间入口进入后，望向庭园的两个大型开口，绿意与阳光摄入室内，予人一种高反差的印象。

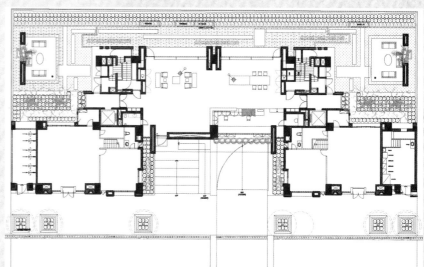

　　室内空间也是这种一致的黑白素净色调和简约格局，借由材质的融合搭配和比例的拿捏，营造出空间中深邃而延续的感觉。清爽利落的几何线条，简约而优雅，与灯具、家具形塑出简而不俗的从容、简单的现代质感与精神，历久弥新。

　　迎宾大厅、饭店式管理柜台、阅读区、洽谈区位于同一线面上，采用开放式铺排，维系空间里视觉的开阔度及延伸效果，搭配立面玻璃切割出光影的几何变换，使空间变得明亮通透，一扫室内的阴郁。

　　在视听空间里，黑色是设计师使用得最多的颜色，从墙面到地面，甚至一些家具抱枕，白色作为点缀和勾勒只被运用到家具上，使空间看起来充满精巧讲究的质感。

　　装修风格是体现业主性格的一种表达方式，可以说是业主性格的缩影。本案通过对现代主义的理解与精英人士的生活习惯融合，以简练而不失深刻的设计沉淀出较为深层的空间感悟，契合业主精英们简约而回归心灵本质的需求。

台北县三峡镇竹城金泽位于北大特区学府路与大雅路的交叉口，三面临路。本案为竹城金泽建案之入户大堂及公设设计，设计师本着对于创意的细腻及独特专精的品位，以人文理想新概念为出发点，细致且贴心地为住户规划属于生活心情纪实的舒适空间，以自然温婉的手法及单纯深浅并蓄的设色，巧妙铺排出空间给予的包容信念及情感。

空间设计延续竹城建设一贯的日式禅味风，自推开大门伊始，日式语汇悄然展开。一楼迎宾大厅挑高 7.4 米，以大理石材作为从室外进入室内的直接的第一印象，同时巧用枯木盆景作点缀，营造出淡淡的日式禅风的静谧氛围，收拢繁杂的心情。接待台以黑色石材打造，配合花之意象金箔背景墙，简洁利落之中给人大气之感。

台湾竹城金泽
入户大堂及公设

建筑商：竹城建设

设计公司：彩韵室内设计

设计师：吴金凤、范至圣

主要材料：石材、金箔、木皮、
裱布、防焰地毯、马赛克

面积：1 185平方米

中庭有无边际水池及日式品茗区，另有阅读交谊厅、健身房、视听室、温水游泳池等。阅读交谊厅利用木格栅做开放的安排，以日式禅居最擅用的自然木材搭配温暖亮煦的蓝色家具安排，温润的属性配合灯光设计，不仅使空间散发出淡淡的书香，更富有禅境思维，更具宁静朴实的风华。视听室布置简单，色调控制在棕色或咖啡色系范围内，舒适的家具，昏黄温暖的灯光，简单的几笔勾勒就让一种温馨优雅的禅味从空间中透露出来，更彰显出一份沉稳与品质的生活色彩。

泳池区、Spa区则以马赛克拼贴出海洋意象，丰富空间的变化。

图书在版编目（CIP）数据

第一印象：社区景观 入户大堂 公共空间 / 黄滢，马勇 主编 . – 武汉：华中科技大学出版社，2015.5
ISBN 978-7-5680-0942-3

Ⅰ . ①第… Ⅱ . ①黄… ②马… Ⅲ . ①建筑设计 – 作品集 – 中国 – 现代 Ⅳ . ① TU206

中国版本图书馆 CIP 数据核字（2015）第 120080 号

第一印象：社区景观 入户大堂 公共空间（上、下）　　　　　黄滢 马勇 主编

出版发行：华中科技大学出版社（中国·武汉）

地　　址：武汉市武昌珞喻路 1037 号（邮编：430074）

出 版 人：阮海洪

责任编辑：熊纯　　　　　　　　　　　　　　　　　责任监印：张贵君

责任校对：岑千秀　　　　　　　　　　　　　　　　装帧设计：筑美空间

印　　刷：中华商务联合印刷（广东）有限公司

开　　本：965 mm×1270 mm　1/16

印　　张：39（上册 20.25 印张，下册 18.75 印张）

字　　数：312 千字

版　　次：2015 年 8 月第 1 版 第 1 次印刷

定　　价：598.00 元（USD 119.99）

投稿热线：（020）36218949　　duanyy@hustp.com
本书若有印装质量问题，请向出版社营销中心调换
全国免费服务热线：400-6679-118 竭诚为您服务
版权所有　侵权必究